U0062273

乐之者说

[美] 苗德岁 著

一个
古生物学家的
多面人生

上海科学技术出版社

图书在版编目（CIP）数据

一个古生物学家的多面人生 /（美）苗德岁著. --
上海 : 上海科学技术出版社, 2024.1
（乐之者说）
ISBN 978-7-5478-6405-0

Ⅰ. ①一… Ⅱ. ①苗… Ⅲ. ①自然科学－文集 Ⅳ.
①N53

中国国家版本馆CIP数据核字(2023)第213739号

责任编辑　季英明

装帧设计　蒋雪静

一个古生物学家的多面人生

[美]苗德岁　著

上海世纪出版(集团)有限公司
上 海 科 学 技 术 出 版 社　出版、发行
(上海市闵行区号景路159弄A座9F-10F)
邮政编码201101　www. sstp. cn
上海展强印刷有限公司印刷
开本 787×1092　1/16　印张 20.25
字数 250千字
2024年1月第1版　2024年1月第1次印刷
ISBN 978-7-5478-6405-0 / N · 265
定价: 79.00元

代序 我更心仪的是作曲家

岁末年初，两本《物种起源》的出版都大获好评：一本是译林出版社重译的科学经典，一本是接力出版社推出的少儿彩绘版科普书。前者赢得古生物学界权威出山力荐，后者则是科学家、科普作家和普通读者一致称赞的“难得的好书”。这两本书的译者、作者是同一个人——古生物学家苗德岁。

或许不是好书带路，我们难有机会来认识这位有趣的科学家：他是第一位获得北美古脊椎动物学会罗美尔奖的亚洲学者，现供职于美国堪萨斯大学自然历史博物馆暨生物多样性研究所，自1996年至今任中国科学院古脊椎动物与古人类研究所客座研究员。如果在百度上搜索的话，与苗德岁相关的条目除了《物种起源》，就是他给人家讲“科技论文写作”的PPT，还有他写的散文、各种与他专业不相干的趣文的中译英、英译中文章，他和友人诗词唱和往来，甚至诗体的书评……好一个文理兼修、生活丰富的科学家！

“说实话，不管是中文还是英文，我看到有趣的东西，想到有些人不能读其中的一种语言，就有一种‘技痒’的冲动，就会中英互译，只是好玩，不求发表。”在给记者的邮件中，苗德岁如此回答自己的“不务正业”。科研和翻译的兴趣之外，文学创作也是他常常涉猎的领域。他的散文被我国台湾地区的中学选作阅读材料，但他说：“我最多算是个老文青罢了，登不了大雅之堂。”有粉丝说，他的散文比小说好看、帖子比文章好看、英文帖子比中文帖子好看，苗德岁笑言：“我自觉这一评价比较靠谱。”

少儿版是我翻译《物种起源》的“副产品”

青阅读：在译林版《物种起源》的译后记里您写道，最初编辑找您重译这本科学经典您是一口回绝的，到您最终接下此书翻译几乎花了两年的时间。然而接下《物种起源（少儿彩绘版）》这本科普书的创作，过程并没有多少曲折，为什么呢？

苗德岁：是的。严格说起来，少儿版是我翻译《物种起源》的“副产品”。2012 年 4 月底我完成了《物种起源》译稿，5—6 月间回国做工作访问，先后在中国科学院南京地质古生物研究所和中国科学院古脊椎动物与古人类研究所做了“达尔文与《物种起源》”的讲座，似乎反映还不错。后由中国古动物馆馆长王原推荐，国家动物博物馆在 2012 年 6 月 17 日父亲节那天邀请我做了同一题目的公开演讲。听众中有不少小朋友，他们问我能否给他们写一本少儿版？这是我始料未及的，我当时不假思索地答应了——孩子们的要求，我怎能拒绝呢？恰好听众中有果壳阅读的史军先生（我那时并不认识他），他马上把我推荐给了接力出版社，我回到美国不久就接到了接力社胡金环女士的约稿邮件，11 月就正式签了约。大概一年左右书稿就付印了。

我以前虽然读过《物种起源》(第六版英文原著),但那是多年前的事了。翻译其第二版,让我对达尔文《物种起源》的原始想法有了全新的认识,以及对全书内容有了字斟句酌的熟悉,这无疑为写少儿版打下了坚实的基础。说句玩笑话,这就有点儿像现代京剧《红灯记》中李玉和讲的:"妈,有您这碗酒垫底,什么样的酒我全能对付!"其实,后来在写作少儿版过程中发现,还远不是这么回事呢。

青阅读:据说翻译《物种起源》是公认的难题,您认为与之相比,将这本书写成一本面向少儿的科普书,哪个更难一些?哪一本书让您更有成就感呢?

苗德岁:按照英语习语的说法,这似乎是拿橘子跟苹果相比。说实话,两者都难,但各有各的难处;要说成就感的话,我觉得两本书我都下了工夫,并希望都没有愧对我的读者们。

翻译是戴着手铐脚镣跳舞的营生,译者回旋的余地很小,一本译作能信、达相兼,即是上品,遑论"信达雅"呢?由于我特殊的经历(中文是我的母语,但一生中使用英语的时间多于中文)、业余爱好(对中、英文文字的咬文嚼字)以及专业背景(地学和生物学),翻译《物种起源》便具备一些得天独厚的条件,但"拦路虎"还是会时而出现的。正因为如此,我对前人的译本有着充分和极度的"同情的理解"。另一方面,翻译得再好,也只是传达原作者的思想,充其量是一个好工匠而已,故此我常把翻译看成是演奏而不是作曲,尽管我欣赏优秀的演奏家,但我更心仪的却是作曲家。不过,《物种起源(少儿彩绘版)》只能算是编曲。

力求孩子读了不觉深、大人读了不觉浅

青阅读:读过《物种起源(少儿彩绘版)》的人,无不感叹它的

通俗易懂、清晰简练、生动有趣，您是怎么做到的？您是第一次写科普书吗？

苗德岁：谢谢大家的美言和厚爱，令我诚惶诚恐。这虽然是我写的第一本科普书，但自觉不算是写科普的新手。我1975年还在南京大学读书时，就曾被古生物专业的师生们推荐，为《化石》杂志的约稿撰文，题目是《古生物钟浅谈》。1980年读研究生时，翻译了一本美国《生活自然文库》的《山》。也还写过几篇科普小文，但都是小打小闹，不成气候。

写科普不容易、给孩子们写科普更难。我自作主张地将读者的年龄层定位为高小和初中。我当时写的时候是力求孩子读了不觉深（也许少数地方还是深了）、大人读了不觉浅，以及外行读了不觉深、内行读了不觉浅。这个目标很难，我希望我的初步尝试能勉强及格。

诺奖得主、英国著名物理学家欧内斯特·卢瑟福说过："不能向酒吧的侍应生解释清楚的理论，都不算是好理论。"其实，不光是对外行科普要"通俗易懂"，在专业会议上作报告，也要如此才行，毕竟许多同行对你所研究的太专门的东西也不甚了了。这是我在美国读博时，我的美国导师教我的"绝活儿"，令我终身受益匪浅。"生动有趣"是美国文化的一部分，从政客演说、牧师布道、老师授课、商业广告到电视节目"脱口秀"，哪一样也离不开它，否则你失去受众的速度比抛出的铁球坠地还要快。我不是那种能够口若悬河、啐金吐玉的人，但也不至于让我的读者和听众打瞌睡。"清晰简练"，则是被这本书的格式"逼"出来的，编辑给我150页6万来字的规定，我算了一下，大约每页400字—我写的时候严格遵循这个"规矩"，所以，像下棋落子一样，每一个字都要琢磨半天。

青阅读：一位优秀的科学家，同时又是优秀的科普作家，是一件很难得的事，您如何兼顾这两者之间的身份？

苗德岁：哈哈，回答这一问题之前，我先得来个“身份认证吧”？我最多算是具有了这双重身份的一点儿“潜质”的人。至少在我的眼里能戴上这顶桂冠的人，可以说是寥寥无几，在生物学领域，我能想到的是哈佛大学的进化生物学家威尔逊（E. O. Wilson，著有《社会生物学》）；在地学方面，美籍华裔地质学家许靖华（著有《大灭绝》），似乎也受之无愧。其他的人，只能称为有坚实科学背景的优秀科普作家［如已故的哈佛古生物学家斯蒂芬·古尔德（Stephen J. Gould）以及英国的理查德·道金斯（Richard Dawkins）］，或是能写优秀科普作品的（优秀）科学家［像芝加哥大学的杰里·科因（Jerry Coyne）与尼尔·舒宾（Neil Shubin）］。我什么优秀的“家”也算不上，真是两头都够不上呢！

我觉得科学是一个美丽的世界，我乐意以自己的绵薄之力，来把我所熟知的科学领域的优美风景介绍给行外的人。我希望这是一个良好的开端。

年轻人有可能的话，不妨多读些“闲书”

青阅读：作为一个古生物学家，您知识广博，有很好的文学修养。如今文理分家很常见，在文理兼修方面，您有什么经验可以和大家分享吗？

苗德岁：对我的描述，实不敢当。也许你们会注意到译林版《物种起源》“译后记”最后留下了我的书斋名——“五半斋”，我自认为是半土半洋、半文半理、半瓶子醋，故有此斋号。

文理分家的现象是较近的事，早期的学问家们并非如此，而在达尔文时代，科学更常被称为自然哲学（这也就是为什么西方国家理工科的博士学位仍然称为“哲学博士”的缘故）。但随着科学部门的日渐细分和专门化，科学与人文之间的分野越来越明、鸿沟也越来越深，以至于20世纪50年代英国的查尔斯·斯诺（Charles Snow）爵士曾提出“两种文化”的概念。

实际上，大凡科学大家们，多是文理兼通的。做学问无非二途，或通识，或专精；现在专精者多，通识者少，而成就大学问的人，光专精往往是不够的，因为视野会受到局限。因此，大科学家中艺兼文理的例子在西方很多，比如爱因斯坦等。在中国，像民国时期的地质学家丁文江、生物物理学家李书华等，再后来的天文学家王绶琯、古生物学家王鸿祯等，也都是文理兼通的。

所以，我常常鼓励年轻人有可能的话，不妨多读些“闲书”，休闲不一定就是旅游，一本书、一杯茶，也是休闲。读书的愉悦，不是其他休闲活动所能替代的。“读书之乐何处寻？数点梅花天地心。”

刘净植

2014年2月

原载于北青网-北京青年报“青阅读”栏目，记者刘净植

写在前面
博士与古生物学家

稀里糊涂闯进门

1983 年，我投到美国著名古脊椎动物学家李力葛瑞文（J. A. Lillegraven）教授门下攻读博士学位。收到录取通知书不久，他又亲自给我打来电话，要求我在开学前的那个暑假，必须提前去黄石公园地区参加他的野外挖掘工作。当时，在加州大学伯克利分校访学的我，对这么好的机会，自然是喜不自禁——这不单因为黄石公园乃世界闻名的旅游胜地、美国国家公园之一，而是因为我读大学时，就曾在“大地构造学”课堂上，听南京大学地质系郭令智教授用他的湖北官话绘声绘色地介绍过这个地质公园。他紧接着还说：“同学们呀，今后你们若是有机会到那里去的话，一定要观赏‘老忠实’热泉喷水柱哦，那才叫一个壮观……”在那个国门紧闭的年代，郭先生话音未落，立即引起了同学们一阵哄笑。不过，自那时起我便对黄石公园心驰神往了。万万没有想到，没隔几年，机会这么快就降临到我头上啦！我记得，到了黄石公园后不久，便在旅游点售货亭里买了一张漂亮的明信片，寄给时任南京大学教务长的郭令智先生。我在明信片上还写了一首打油诗："初学地质闻黄石，纵是梦游也奢侈；戏言先觉孰可辨？今日亲临获新知。"

我们在黄石公园的野外挖掘工作，主要是挖土、扛砂土袋、筛洗化石——全都是实打实的力气活儿。我们先挖土方，把砂土装进麻袋里，扛上汽车（距土坑不足100米，但走的是山上的羊肠小道），然后拉到山下湖边筛洗，把土和细沙过滤掉、筛选出来混有非常小的远古哺乳动物牙齿及较大颗粒的砂石，最终一起带回学校实验室，在显微镜下挑选出化石供研究用。导师当时正值壮年，他是挪威移民后裔，人高马大，运动员体魄，干起活来身先"士卒"。他手下的"小工"包括我的美国"师姐"和"师兄"（两人年龄都比我小好几岁）、一个芝加哥大学本科生（化石爱好者、暑假来打工赚学费的），加上我和另一位跟我同年录取的硕士研究生。一到野外，好心的师姐就私下告诉我们两位"新人"：导师完全用新兵训练营的那一套，来办野外工作营的，你俩要做好充分思想准备。据她说，两年前跟她同时来的另一位新生，第二天就不辞而别了——一个宾州大学毕业的富家子弟，从小怀有的"恐龙梦"顷刻破灭，回去读商学院了。我第一天干下来之后，发现师姐所言不虚。

导师不苟言笑却平易近人、十分幽默。有一次，我好奇地向他打听博士资格考试问题时，他顺手拿起铁锨，把我带到工作面旁边尚未清除的地表，手起锨落，一棵鼠尾草就被他连根带土铲起来了！然后他把铁锨递给我，指着另一棵鼠尾草说："你来试试看。"我接过铁锨，铆足力气，一铲子下去，但见鼠尾草岿然不动，铁锨却卡在鼠尾草根部坚硬的地表土层里。他对我诡秘地一笑，拿过去铁锨，又是手起锨落，把那棵鼠尾草妥妥地铲到了铁锨上，然后笑着对我说："等你也能这样的话，就算通过博士资格考试啦！"我霎时脸红，惭愧地看着师姐和师兄在一旁乐不可支地窃笑。

不过，导师还是很能关心和体谅学生的，他要考验我们，但也爱护我们。他深知我不是那块料，后来便分配我与师姐留在工作面挖土装袋，他带领另外三位往越野车那里一趟又一趟地扛运。即便我坚持要扛几趟，他也特别叮嘱师姐给我的袋子里少装一点。

野外工作持续了一个多月，直到最后我也没能通过导师"设计"的博士资格考试。不过，他安慰我说，"你还有一次机会，一般是入学后 2 ～ 3 年之内，博士研究生需要通过一个笔试加口试的综合博士资格考试；通过了才能称作是'博士候选人'，之后就是撰写博士论文，通过了论文答辩，便完成了博士学位。我相信你能行！"

回想起我初入野外工作营，导师很快就发现我不属于古生物学家中"野外达人"那一类。野外达人是指古生物学家中有些人，他们具有非凡的探险精神，能够深入人迹罕至的险恶环境中，而且在野外工作中，"眼力"非常好，运气也非常好，常常在别人找不到化石的地方，时有重要发现。这些同行类似于《夺宝奇兵》系列电影中的印第安纳·琼斯，极富传奇色彩和人格魅力。显然，导师和我自己从一开始就都意识到，我并不属于这一类型的人才。所幸同行中还有一类被称作"扶手椅型的古生物学家"，这类人一般形象是大多喜欢坐在办公室扶手椅里，擅长读书写作、舞文弄墨。当然，他们也是古生物学科中不可或缺的一类人。

那时我从伯克利带去刚出版不久的斯蒂芬·古尔德的两本书：《自达尔文以来》和《熊猫的拇指》，利用野外空闲的时候在读。有一次导师看到了，就对我说："斯蒂芬的文笔很好，你得好好向他学习。干我们这一行，科学传播十分重要。斯蒂芬能写善辩，跟有神论者们面对面辩论达尔文演化论的大论战中，他是唯一胜出的科学家，很了不起。"

我又借机问他，取得博士学位意味着什么？他不假思索地答道，无论你博士论文题目是什么，取得博士学位就意味着，至少这个题目范围内的东西，目前世界上不应该有第二个人比你懂得更多。但作为职业古生物学家，那要求就要高得多、也多得多了。古生物学是一门跨学科的分支科学，既要懂地质学又要懂生物学，还需要有很高的演讲与写作能力——因此对人文知识储备也有相当高的要求。所以，当一个合格的古生物学家可不容易啊……

“一招鲜，吃遍天”

小时候就时常听父亲讲“书香传家”的道理，因为他是戏迷、业余琴师和京剧票友，因此常用梨园行的话来讲述这一道理：“不管哪个时代，人们都是要听戏的！同样，无论什么时候，国家也离不开读书人的。”所以，即便在教育荒废的那十年间，我们也没有放弃过读书——至少还可以读《鲁迅全集》呀。此外，“雪夜闭门读禁书”，谁也管不了啊。加上，之前背过的诗词歌赋与范文，也不会烂在肚子里，是可以张口就来、随时吟诵的。父亲还对我们说过，“无论是在学校里，还是走上社会，既能在任何场合即兴说出十分得体的话，又能下笔写出文从字顺、言之有物的漂亮文章，还是会受到大家待见的。”

出国前，我自以为英语已经学得不错了。然而，到了美国后才发现根本不是那么一回事儿——真是“书到用时方恨少”。在伯克利时，我修“脊椎动物比较解剖学”课，期末写的课程报告（term paper），老师还给了个相当不错的评语。可是，读博第一学期我选修了导师的“北美新生代地层学”，期末课程报告发回来，上面被导师用红笔改得面目全非，而且在右上角分数的前面批了大写的两个字紧跟着一个惊叹号——FIRST SHOT！（第一枪）。我坐在办公室里傻傻地看着：给的分数不算低，可这究竟是啥意思呢？我请教同办公室的师姐，她前一年修过这门课，她扫了一遍，向我伸出了拇指，笑着说："那你应该看看我去年的课程报告，你就会释然啦！"她接着说："Jay（导师的昵称）是咱们行内有名的生花妙笔一支，咱们可有的学呢。"果不其然，第二学期选课时，导师就让我选英语系的写作课，一门英语系本科生的必修课。后来，我又在英语系连修了几门课，包括"莎翁戏剧"和"修辞学"等。

不仅是英语课，在其他课程方面，导师也鼓励我的好奇心，支持我选修一些与古生物学专业"八竿子也打不着边"的"无用"课程，比如，"西洋古典音乐欣赏""科学哲学"等。这些在我后来的职业生涯中，都发出无穷的"后劲"来。当然，我这些"不务正业"的行为，也受到了我的学术"老家"——中国科学院古脊椎动物与古人类研究所几位前辈们的大力支持，时任副所长的孙艾玲先生写信给我时，谆谆地嘱咐我，"你一定要把英文学扎实了！至今我们的英文文章大都靠周明镇先生帮助润色，你以后回来要接他的班，也好帮助我们大家改文章。"周先生本人以及翟人杰先生、张弥曼先生也都是这样鼓励和支持我的。从八十年代初我来美国留学开始，直到互联网出现，我有十年左右的时间，除了跟国内亲友通信之外，没有读写过中文，这使我的英文写作大有长进。回归母语写作是近十来年的事，我感激先父以及中小学语文老师们给我打下了较好的中文底子。

关于本书

这本自选集里所选的文章，大多都是近些年来我在国内媒体上发表过的文字，不仅折射出我个人的所学与所好乃至于一个古生物学家的多面人生，也算是记录我人生近阶段的"雪泥鸿爪"吧。尽管体裁不一（序跋、书评、散文、随笔等），话题多样，但这些文章都是围绕着科学研究（尤其是古生物学与演化生物学研究）、科学家

（特别是我有幸师从过的几位中国古生物学家）和科学史（从达尔文到 E.O. 威尔逊）等主题展开的。

本书第一部分“为有源头活水来”，主要回忆了我与中国科学院古脊椎动物与古人类研究所（以下简称“古脊椎所”）的渊源——我一直把那里视为自己的学术“老家”，是我职业生涯“起步”（take-off）的地方。古脊椎所从现在的名称算起，已走过了一个甲子；倘若追根溯源到它的前身“新生代研究室”的话，则将满百年。古脊椎所在本学科领域内，被国内外同行们誉为“中国唯一、亚洲第一、世界前列”的学术机构，近百年来硕果累累、人才辈出。“问渠哪得清如许？为有源头活水来。”自创建之初，古脊椎所就有着浓厚的“国际化”色彩，这一色彩也构成了研究所文化底色（即国际化、开放、包容、坚守、创新、学风正派、追求卓越）的元素之一。古脊椎所的前辈们曾白手起家，艰苦创业，在十分困难的条件下，致力推进学科发展，坚持恪守学术追求，取得了骄人的成就，也使古脊椎所有了如今鲜明的学科特色及深厚的学术积累。近年来，在国家的大力支持下，新一代的古脊椎所人，继承和发扬了老一辈科学家的光荣传统，薪火相传，砥砺奋进，屡创辉煌。我的这些回忆文字，或许能够从一个侧面折射出古脊椎所深厚的学术文化底蕴——即其成功的根基所在。

本书第二部分“科学与人文并重”，主要包括《中国科学报》邀请我参与“两种文化”的讨论，以及《人民日报》文艺部邀请我为“名师谈艺”专栏撰文谈科学与文艺融合的话题。古生物学科既是介于地球科学与生命科学之间的交叉学科，又是科学与人文并重的学科；因此，我常常对人家说：我的专业介于理科与文科之间。我历来强调“通识教育”的重要性：科学不能脱离社会与人文关怀。而我所从事的古生物学与演化生物学研究，更加与人文精神息息相关，正如 E.O. 威尔逊所强调的：“五大学科”（古生物学、人类学、心理学、演化生物学和神经生物学）的大融合，“是科学蓬勃发展的基石，是人文忠贞不二的盟友。”

本书第三部分“达尔文与E.O.威尔逊”，包含了我近十多年来用力最勤的研究兴趣与写作内容。我先后翻译了达尔文的《物种起源》第一版与第二版，写了许多介绍达尔文理论的文章，同时也写了不少评介E.O.威尔逊著作的科普文章及书评。这不仅涉及科学史方面的内容，而且向公众科普了现代演化生物学理论发展的脉络，收到了比较好的效果。

本书第四部分“多学科的科普文汇”，包括我近年来科普创作相当大的一部分内容。从应《人民日报》之邀阐述科普的重要性以及存在的相关问题，到向大众科普病毒与生物和人类的起源与演化关系，并以书序和书评的形式普及了多学科的研究内容和最新进展，包含（并不限于）地球科学、演化生物学、动物学、动物行为科学、古生物学、解剖学、地球历史、历史地理学等学科知识。

本书第五部分（亦即最后一部分）“两耳也闻窗外事”，收集了环保方面的论述、文艺评论与文艺随笔；后者是我的业余爱好，反映了我的多面人生吧。

总之，这是一本相当个性化的科学人“闲书”，与读者分享我研究、阅读与写作的至乐。如果有志于将来从事科学研究的青少年读者和刚起步的青年科学家们能从中获得些许鼓励和启迪的话，便是我最大的收获与慰藉。

最后，衷心感谢张弥曼、戎嘉余、周忠和、王原等好朋友们的鼓励和鞭策以及季英明先生的大力支持，促成了这本文集的出版，得以把散落在四处的“敝帚”收集到了一起。

由于这是一本文集，不同文章里在交代必要背景时，偶有“似曾相识”的少量信息或文字出现，还望读者朋友们见谅。

苗德岁

写于美国堪萨斯州劳伦斯市家中

2023年6月20日

目录

I. “为有源头活水来”

一鳞半爪忆故人 003
深切悼念恩师翟老 009
犹记咖啡飘香时 017
京华名士　沪上趣人 023
缅怀李星学先生 032
我见青山多妩媚 036
感恩节的思念 041
文字缘同骨肉深 044

II. 科学与人文并重

科学与艺术拥有共同创意源泉 053
“两种文化”一甲子 056
“两种文化”再讨论 063
行之惟艰——科学与人文的融合 065
蚂蚁搬山的乐趣 070
如何开启科学思维 076

浪漫主义不是文学艺术的专利 082
读书之乐 088
“半山绝句当早餐” 090
耳顺不泯少年心 094
读到穷处句便工 100

III. 达尔文与 E.O. 威尔逊

《物种起源》: 版本学及其他 109
思想双峰各耸立 116
翻译《物种起源》的缘起 122
《物种起源》的文学性 128
达尔文的环球科考 134
达尔文的蚯蚓 146
成就达尔文一生功业的环球之旅 155
“人生赢家”达尔文 160
达尔文不背种族主义的锅 167
“惟有诗情似灞桥” 173
老树春深更著花 180
蚂蚁的世界真精彩 186

IV. 多学科的科普文汇

让“黑暗中的烛光”普照 195
病毒与人类爱恨交织的协同进化关系 199
《生命的奇迹》序 206
《听化石的故事》序 210

至大极简的《DK大历史》 213
九州多禹迹，何日与君评？ 218
朝来寒雨晚来风 222
强弱是非空冗冗 226
五颜六色的《地球的故事》 230
有此三册书，不乐复何如！ 235
读来泪满双颊 238
《假如你有动物的身体》序 244
科幻作品的一种新体裁 246
乐之者的博雅 249
魅力无穷的动物界 254
子非鱼，安知鱼之梦？ 259

V. 两耳也闻窗外事

环保是道德问题 267
了解并珍惜我们的家园 270
我们为什么要礼赞生命？ 274
译名刍议 279
一本书背后的故事 282
学术界青椒之必读书 286
“兴酣落笔摇五岳” 290

文艺范科学家，这个时代还有吗？（代后记） 295

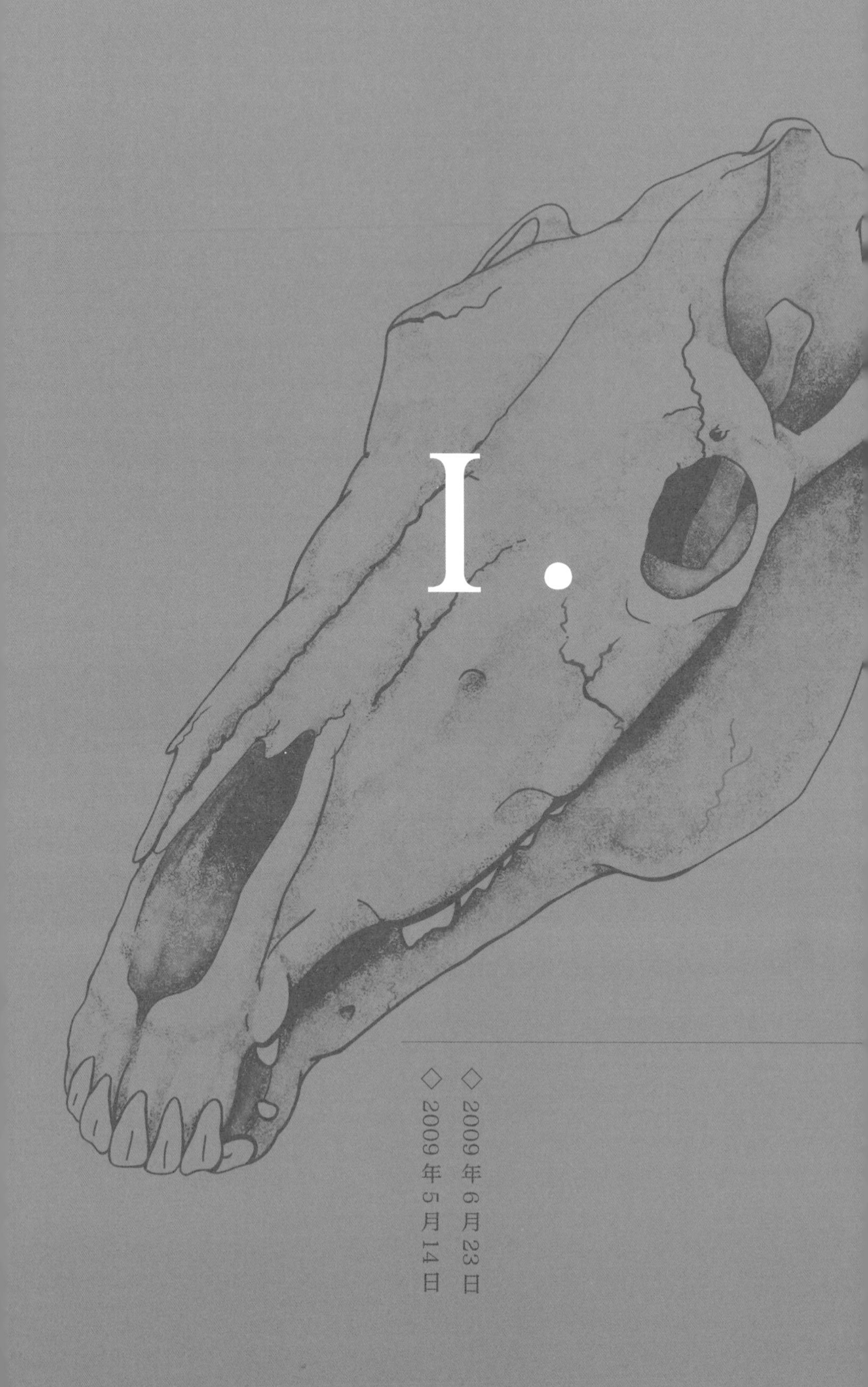

I.

◇2009年6月23日

◇2009年5月14日

“为有源头活水来”

◇ 2022年8月31日

◇ 2019年5月4日

◇ 2019年3月

◇ 2014年11月25日

◇ 2011年岁末

◇ 2010年11月1日

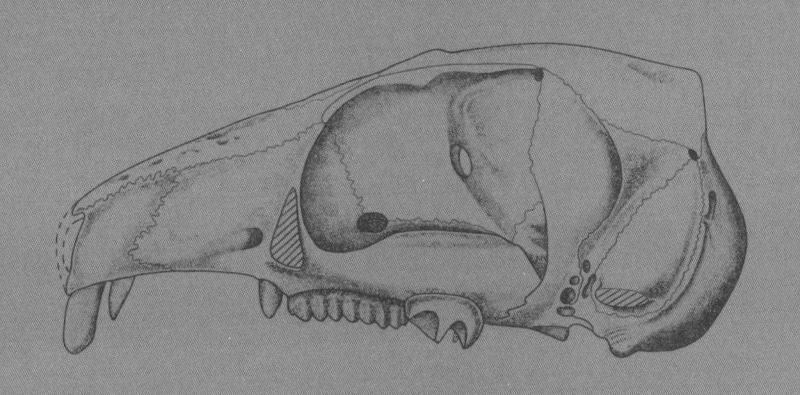

2011年岁末

写于美国堪萨斯州劳伦斯市

原载于《黄土魂龙骨情：刘东生、胡长康纪念文集》，科学出版社，2012。

一鳞半爪忆故人

我们的老室主任胡长康先生走了；我一直觉得她是一个生命力无比旺盛的人，她走得突然，突然得令人难以置信。新近，刘强（她和刘东生先生之子）约我写一点回忆他母亲的文字，我当然是“情”不容辞，欣然允诺。

我是在1978年秋季，刚考入古脊椎所读研究生不久，就认识了胡老师，她那时是我们高等脊椎动物室的室主任，所以算是我的老领导了。我们那批“文革”后首次招收的研究生，全室总共只招了三名，我是其中年龄最小的，进所时还未婚。胡老师总是满面春风，笑容可掬，十分平易近人。当时她的办公室与周明镇先生的办公室毗邻，我路过时，总会打个招呼或进去聊上几句。说起来我们算是安徽同乡，室里又多年没进什么新人，胡老师对我格外关照。一次闲聊时，她笑着问我：小苗，有女朋友了没？我说，有了，在南京。她稍作沉思，说了一句话，我至今难忘：如果关系不是很确定的话，能否重新考虑？两地分居不是个办法。我知道，胡老师与刘先生因工作原因，曾两地分居多年，个中苦楚，她体味最深。我当时接受了她的好心规劝——三个月后，我却回南京完了婚。后来，拙荆休假到所里来探亲，胡老师亲自到我们的住处去看她，次日在办公室对我说，嗯，小苗的眼光不错嘛。说实话，离开所里近 30 年，对所里的感情经久长存且有增无减，就是因为当年有幸与像胡老师这样的一些前辈同行们在一起共事，感到像个大家庭一样的温馨、难舍。

胡老师不仅是所里的元老之一，对所里的历史、掌故门儿清；她也是经历过所谓“新旧社会两重天”的人，往往在一些大事上，眼光比常人敏锐。我在所里没待几年就出国了，1984 年暑假回国省亲，在所里作短暂停留，也到胡老师办公室里坐了一会儿，俄顷，她注意到我脚上穿的紫红色的耐克运动鞋，便笑着对我说：这鞋很漂亮，但颜色艳了一点儿，在国内咱们可要注意点儿影响哦，老周（指周明镇先生）和我们大家对你都是寄予厚望的。我第二天就把出国前丢在所里宿舍箱子里的旧行头翻出来，换了装，上衣穿的是拙荆在部队替我领的黄军装，脚上蹬的也是部队发的解放鞋，一进办公楼却撞上了张弥曼先生，她看了便忍不住乐了起来，对我说：小苗怎么一回国就把“红卫兵”的衣服给穿上了？还有一件事更让我没齿难忘，那是 1989 年秋季，北美古脊椎动物学会在美国得克萨斯州首府奥斯汀举行年会，我在会上与胡老师不期而遇，自是非常高兴，毕竟一别五年多了。她十分关心我和家人在美国的情况，并特别好心地叮嘱我，对国内的事情要多关心少议论，很多事情要留

1950 年代，古脊椎所古哺乳动物研究室成员合影
周明镇（前排中），胡长康（前右一），李传夔（后左三），刘后一（前左二）

待历史去做结论，她老人家还是为我回国的前程在考虑。可惜我是个不争气的人，一生碌碌无为，辜负了像胡老师这些老前辈们曾经有过的一片苦心，让他们月照沟渠，我也深感自愧。

在此之前没两年的时候曾发生过的一件事，也令我和拙荆对胡老师等前辈们感激不尽。拙荆在 1985 年获准来美探亲时，仍是部队医院的现役军人干部，她的半年探亲假逾期后被我强留而未按时归队，这对一个军人来说，是严重的违纪行为。故此，她所在部队的领导机关南京军区后勤部给她来了一封信，让她尽速回国。我当年年轻气盛、不谙世事，也未跟拙荆商量，竟兀自给她的领导机关以及南京军区政治部，写了一封不大讲理的信，人家借着我的信，也找到了我的主管部门中国科学院，院里自然而然地就找到了所里。所里的前辈们对我关怀备至，想了一个招儿，卖卖周明镇先生的老面子，由周先生出面，给时任国防部长的张爱萍将军写了一封类似李密《陈情表》那样言辞恳切的信，后来所里把这封信以及张将军亲笔批示的复印件寄给了我们。我接到信一看，从措辞上，看出那是翟（人杰）老的大手笔，而那工整、秀丽的笔迹，则无疑是出自胡老师之手。后来，部队没有给拙荆任何处分，一直保留其军籍。通过这件在当年来说不大不小、可大可小的事情，足以反映出前辈们对无知后学的护犊之情，每每想起来，让我们心中顿生暖意、感慨万端。

2000年暑假，我携全家回国，在北京住在张弥曼先生家里，跟胡老师家也算是近邻。一天晚上她和刘先生做东，在中关村一家餐馆宴请我们全家，并由张先生作陪。最让我和拙荆难忘的是，在我们宴毕临离开餐馆前，服务员又送上来一道打好包带走的菜，胡老师笑着说，看两个孩子挺喜欢吃这道蜜汁红枣的，就让他们再给孩子们带上一份作点心。胡老师不愧是徽商的名门闺秀，待人接物，面面俱到，处事得体，滴水不漏，确实是刘先生的贤内助。

同是此行期间，刘先生安排我去中国科学院地质研究所作了个英语科技论文写作的讲座。讲课的那天，刘先生还在开院士大会，他从会上溜了出来，跟胡老师一起接我去地质所。那天下午的演讲，两位老人陪了我整整一个下午，刘先生惯常地认真笔录，结束时还替我做了五分钟的小结，阐述英语论文写作的重要性，让我深为感动。因为胡老师曾跟我讲过，刘先生抗战期间在西南联大读书时，曾给美军做过翻译，美国大兵看过的“垃圾小说”（trash novels），刘先生可是看过了不少。所以，尽管刘先生没有留过洋，可他的英文比很多留学生还要棒！那天晚上，由时任地质所所长的丁仲礼做东招待我们晚饭，老丁是刘先生的得意门生，对二老执弟子礼之恭，也给我留下了极其深刻的印象。我听说刘先生关起门来对弟子们要求极严，可在外人面前，总是给足弟子们的面子。这让我想起多年前读过的胡适《四十自述》，适之先生在书中回忆道，

2002 年本书作者全家在胡长康（左二）、刘东生（右二）先生家做客

从左向右：本书作者、张弥曼、陈宜瑜、周明镇（1995 年夏）

自小到大，他母亲从未当着外人的面说过他一个字的不是，如果他有错，母亲则关起门来严加训导。我猜想是否胡老师曾用徽州儒商的教子之方，影响了刘先生的授业之道呢。总之，我坚信，刘先生那闪亮的“军功章”上肯定有着胡老师的一半，恐怕还是更好的一半（the better half）呢！

光阴荏苒，转眼间有幸结识胡老师已30多年，尽管期间大部分时间我们被大洋所分隔，聚少离多，但从记忆中拾得一鳞半爪，以寄托对胡老师以及刘先生的哀思。扬州八怪之一的金农曾有诗云：“故人笑比中庭树，一日秋风一日疏”，眼看着这些前辈同行们一一离去，伤感之余，也迫切地感到要写下点儿只言片语，哪怕是记录他们精彩人生中的一个最不起眼的瞬间快照（a snapshot）也好。

2009年
6月23日

匆草于中国科学院古脊椎动物与古人类研究所

原载于中国科学院古脊椎动物与古人类研究所网站。

深切悼念恩师翟老

“亲戚或余悲，他人亦已歌，死去何所道，托体同山阿。”

——陶潜《挽歌》

吾师翟老人杰（1932—2009）昨日凌晨走了。作为他的开山弟子，悲痛之余，我有责任写写我心目中的翟老，既是对逝者的追念，也是对自身的反省。

辱教师门

1978年被称为“科学的春天”，而对我本人一生有重大影响的一件事即是：那一年是“文革”后首次恢复招收研究生。那年初，我的母校南京大学地质系的刘冠邦老师，从北京出差回到南京后，立即把我找去，兴冲冲地跟我说：“这次去古脊椎所，我向翟老特意推荐了你，听了我的介绍，他对你十分感兴趣，我看你就报考翟老的研究生吧！”刘老师曾在古脊椎所进修过，与翟老相处甚笃。他此前曾向我介绍过所里尤其是古哺乳动物研究室的一些情况，对翟人杰老师的名字我并不陌生。

不久，中国科学院南京地质古生物研究所（以下简称南古所）的张遴信老师打电话给我，让我去他们所一趟，他刚从北京回来，在京时他的老同学翟人杰先生托他捎话给我。我去了，张老师说：小苗同志，我那老同学是个表面木讷但很重感情的人，他听了南大老师们的介绍，一门心思要收你为徒呢！他让我带话给你，离初试日期不远了，让你集中精力在英语和政治科目上花功夫，专业课你应该没什么问题。这样一来，我还真是被从未谋过面的老师的诚意所感动，决计要报考翟老的研究生了。

我报名后不久，收到了翟老的一封信（1978.3.25），他在信中写道：“根据近半年来我们从多方面了解到的情况分析比较，我个人认为你应算是1977、1978年度报考我室最好的几名考生之一。目前主要根据考试分数来择优的办法，还存在不少欠缺之处。尤其对选择研究生来说更是如此。好的、有培养前途的科研人才有时不一定能考出好的成绩来。对你有一定了解之后，我又担心你在考试上会不会吃亏。”传统书信的好处，是你能够透过写信人的修改痕迹，窥视其当时的思绪（train of thought）——翟老原来写的是“可能要吃亏”，后来他在“可能要”三个字上划了一道横线，上面添了“会不会”。我明白翟老因我是“工农兵大学生”而担忧我的实力，因此生怕我考试中会有闪失。后来经过初试（笔试）和复试（笔试加口试）三个回合，我侥幸地非但没有吃亏，而且还占了点儿便宜——至少是语言和杂乱知识方面的便宜。对此，翟老的喜悦溢于言表，所以，从我一进所，他对我就寄予很大的期望，并积极地从各方面为我创造条件，他在不才身上所倾注的心血，令我终生难忘。

我们那届研究生是1978年10月入学，按计划先在中国科技大学研究生院学习英语一年，然后回所做论文。我在研究生院只读了不到三个月，就通过了那里的英语过关考试。翟老很关心我，他说：你是新婚，爱人在南京，其他同学还在研究生院学英语，你在所里也没什么事，不如回南京，去南大旁听一些解剖课，再到外文系去进一步提高英语水平。我当然是喜不自禁，1979年整一年，我就是在南京度过的，直到1980年初才回到所里来。

亦师亦友

我在翟老门下读研时，他和我是亦师亦友的关系。虽然他长我近20岁，却把我当成小弟弟。他对我的关怀和呵护，真可说是无微不至。我回所后，他就把贵州盘县石脑盆地的一批哺乳动物化石材料给了我，指导我做硕士论文。那批新的化石材料很珍贵，在他当时那个年龄，他完全可以自己轻松自如地做一篇很好的文章。可是，他却毫不犹豫地成就了我，并且不顾长途跋涉之辛劳，亲自带我到化石地点考察。在那次野外工作中发生的一件小事，让我及同行的谢树华和王秋原看到了翟老为人诚实、不慕虚名的一面。

我们在石脑盆地工作时，住在离化石点较近的邻县云南富源县的一家招待所。一位分管科技的副县长来看望我们，闲谈时得知翟老刚访美归来，就执意要请翟老给县政府的领导讲讲访美观感。翟老先是不允，后来在我们的一致劝说下才勉强同意。他的苏北（泰州）官话，对云南人来说是很难懂的，我义不容辞地当了他的翻译。那位副县长在介绍翟老时，称他为研究员，他马上打断人家、插话

翟老（左）和我

说："是副的"。我正犹豫要不要翻译时，翟老十分认真地对我说：请告诉人家我只是副研究员，不是正的！

当时在所里大家也确实戏称他为"翟三副"，即：副研究员、副室主任（主任是"甩手掌柜"胡长康大姐）、《古脊椎动物学报》副主编。那时候周明镇先生刚接任所长不久，翟老是他身边主要的智囊人物之一。我当时跟翟老合用一间办公室，起先周先生来到我们办公室跟翟老谈论所里事务时，我总是自觉地离开办公室予以"回避"。不久，翟老有一次当着周先生的面对我说："小苗，没关系，你不要走，所里的事你知道一些也好，但不要出去乱说。"周先生笑着点点头，算是默许。从此，我便成了他们"恳谈会"的"列席"人物了，有时他们还会问问我的意见。两位前辈对我的信任，当然令我受宠若惊。我在研究生毕业之前，两位先生就让我参加研究生新生的选拔和负责阅卷（英语）等工作。他们还放手地让我代其处理给国际同行们的英文信件，使我得到了历练并从中学到了很多东西。

最让我吃惊的是，翟老对我大胆无私的举荐。先是科学出版社的余志华先生约请周先生翻译由科学出版社和香港时代出版公司联手组织翻译的美国《生活自然文库》中的《山》一书。当时周先生要去澳大利亚半年，而译稿要在3个月之内完成。周先生让翟老“代劳”，翟老则力荐我，余志华先生当着我的面，对两位前辈说：这套书的译者都是我国各学科的大家，让名不见经传的研究生来译，恐怕不妥吧，万望周先生多多把关。周先生和翟老则一致地对余先生说，请他放心。可是，当我真的做起来之后，翟老则是一字一句地替我的译文修改和订正，他在上面花的时间其实比我还多。后来，中国大百科全书出版社的曾获先生来约请翟老翻译《不列颠百科全书（一卷本）》中的全部地质学家和古生物学家条目时，翟老又推荐了我。他是煞费苦心地培养我、历练我。当我的硕士论文答辩时，他托李公（传夔）去地质大学把王鸿祯和杨遵仪两位学部委员（院士）请来做答辩委员会成员，连同周先生，我的答辩委员会中有三位院士，这在当时是十分罕见的。

诲人不倦

翟老对我的教诲是多方面的。他不但在专业知识方面悉心地指导我，而且在编辑工作上引领我入门。他当时担任《古脊椎动物与古人类》学报的编辑与审订工作。每当他在稿件中看到错误的地方，他就会告诫我，今后切忌犯类似的错误。每当他看到好的稿件，他总是十分兴奋地告诉我，写文章就得这样写。翟老的文字是干净、简洁、准确的，他也特别欣赏别人的好文字，每每赞不绝口。我印象颇深的有两例。一是，他称赞“耗子”（李传夔）的中文好，特别对其“醉猿”的命名极为赞赏。另一例是，有一天，他突然让我看一篇稿件，当时的稿件都是在方格稿纸上手写的，他对我说：小苗，

1995年李传夔（左一）和作者（右一）在一起

你来看看这篇稿子，几十页的稿子，笔迹工整，竟无一字涂改，这种认真的精神，你可得好好学习！她做学问，也是这么认真。我拿过来一看，作者是张弥曼先生，我当时只闻其名，还未见过其人呢。

我虽然自幼熟读诗书，但多为囫囵吞枣、似是而非。刚进所时，文风花哨，加之“文科思维”，写出东西来总难免露怯。翟老总是谆谆善诱，以鼓励为主，逐字逐句地为我修改文稿，替我指点迷津。如果说我后来能够文从字顺地撰写科研论文，翟老堪称我的启蒙之师。另外，由于翟老的举荐，我有较多练笔的机会，也使我进所不久，就能取得长足的进步。我能遇到翟老这样的好老师，是十分幸运的。

翟老还有一点令我对其十分感激，那就是他刻意不让我卷入他与同事间的纷争。老同事间在一起相处几十年，总有些磕磕绊绊的事儿，他当时又在研究室“主事”，难免跟同事间有些小的冲突。有时候，我看到他走进办公室，满脸通红，气得说不出话来，坐在那里抽闷烟。我会问他：翟老师，你怎么啦？他说，你不需要知道这些事，你对大家都要同样地尊重。只有一次，他苦笑着对我说："唯女子与小人难养也"，我猜想他准是跟哪一位女同事斗气了。他说完后，我们师徒两人随即哈哈大笑，究竟那位女同事是谁，他没讲，我也没问。多少年来，我一直从心底里感激他，我在所里几年，连跟他有矛盾的老同事们，我也相处得很好。翟老"护犊"之切，用心可谓良苦也！

甘当人梯

我自打一进所，翟老就在寻机送我出国留学。为这事，他跟周明镇先生做过精心的安排。当时，早期哺乳动物是个热门的领域，他手中有一批极好的、采自内蒙古的多瘤齿兽的化石材料。为了我出国，他把全部材料都给了我。1982—1983 年，我在加州大学伯克利分校克莱门斯教授手下，用这批材料的牙齿部分写了篇文章，想请翟老做共同作者，他婉拒了，他说：还是以你一个人的名义发表好。这批材料的头骨部分，我后来到怀俄明大学李利格瑞文教授门下做了博士论文。听说我的博士论文在国外获奖后，翟老高兴地在所里贴大红喜报。他的这种甘为人梯、提携后学的高风亮节，值得大书特书，尤其是在眼下浮躁的学术环境中。

颇具宿命意味的是，直到翟老逝世的前两天，我才终于有机会实地考察了那批化石的产地——内蒙古自治区的巴彦乌兰。也正是由于这次地质旅行，使我痛失了在他离世前最后见他老人家一面的机会，现在想来真是悔恨不已。

1998 年，适逢我进所 20 周年，那年春节，我给恩师翟老写过两首《拜羽佳师 20 周年际寄赠先生》。一是："辱教师门二十年，初逢科技唤春天。开山弟子蒙恩宠，掘骨师徒赴滇黔。久隔重洋长寄梦，近无音讯更悬念。深恩重德无报处，回首浮生心凄然。”二是：“师友相兼二十年，离多聚少求教难。所喜故人犹知己，不堪太师赴黄泉。耻谈曩日记骨梦，奢望明朝归家园。一失足成余生恨，光阴虚掷泪泫然。”今天，恩师已去，回想起翟老多年来对我的提携和厚望，心下实在是觉得有愧于他老人家，不才只能祝愿他在天国平安……

2019年
5月4日

原载于“庆祝中国科学院古脊椎动物与古人类研究所”建所90周年“所庆征文”。http://www.ivpp.cas.cn/sq90/lshg/hszw/201907/t20190715_5342105.html

犹记咖啡飘香时

——兼忆一件鲜为人知的译界往事

我想他此刻，
定然在天街闲游。
不信，请看那朵流星，
那怕是他提着灯笼在走。

——郭沫若《天上的市街》

去年（2018年）11月9日是周明镇院士100周年冥诞，中国科学院微信公众号“中科院之声”发布了一篇长文，缅怀这位享誉全球的中国古脊椎动物学家。随后，又有不止一家媒体刊登了追忆周先生的文章。有的文章称他为风流倜傥的“男神”科学家，有的称其为敢为人先的“科学雅士”。此间，中国古脊椎动物学会在安徽合肥举办了第16届年会，其主题之一也是纪念该学会主要创建人周明镇先生。在他逝世二十余年之后，周明镇院士似乎一霎时又重新回到了公众的视野。这或许与另一位古生物学家张弥曼院士在2018年成为“网红”科学家不无关系。古生物学这门冷门学科，突然在中国变成了“显学”。无疑，作为古生物学家以及两位先生的学术后辈及忘年小友，我自然对这些是格外关注的；但我也注意到，迄今为止在所有关于周明镇院士的文字记载中，有一件事从未被人提及过。作为“知情人”与考据癖，我觉得应该把这桩鲜为人知的译界往事记录下来，以飨读者；同时，也应了西方一句话：“把荣誉归还原主”（Give credit where it’s due）。

1979年至1982年间，我在古脊椎所学习工作。虽然我的宿舍在办公楼（南楼）四楼，但我更喜欢在二楼的办公室里“度日月”。周明镇先生时任研究所所长，他的办公室就在我的办公室斜对门。那时候，所里人习惯午休。而周先生是五十年代从美国回去的老“海龟”，没有午休的习惯。他知道我也从来不睡午觉，通常他只要在所里，午饭之后就会钻到我办公室来“摆龙门阵”，他还美其名曰：“德公，别指望从我的课堂里学到多少东西，真正学东西是在这里！”他把手中的杯子递给我，我会意地接过杯子，拿过热水瓶给他老人家倒水冲速溶咖啡（那是师母柴梅尘先生托人从香港带回来的）。把他老先生伺候停当，我则一边喝我的“茅山青峰”，一边陪他聊天。那时他还没戒烟，他会点起一支烟，笑着对我说：“我又要开始熏小白鼠了！”（意思是指让我吸二手烟了）然后，慢慢地打开话匣子，古今中外，海阔天空……

记得是1979年冬季的一天中午，周先生推门而入，右手持杯，左手拿着一本薄薄的小册子。甫一坐定，就把那本小册子递给我，说：“你看过这本书吗？”我接过来一看——《进化论与伦理学》（旧译《天演论》），便摇摇头。他说：“那就送给你吧！没事可以好好读一读。”我自是连连点头，并说：“谢谢周先生，我一定好好读！”

进化论与伦理学

(旧譯《天演論》)

〔英〕赫胥黎 著

科学出版社

周先生（左）和我

“这本书是‘文革’中我执笔翻译的，”周先生笑着补了一句。我连忙翻开扉页，上面印着：“《进化论与伦理学》(旧译《天演论》),【英】赫胥黎 著,《进化论与伦理学》翻译组 译，科学出版社，1971”。

我又匆匆翻到扉页背面的“出版说明”页，短短一段话，只字未提翻译组是由哪些人组成的，更没有周明镇三个字。我印象比较深的是，其中提到清代严复的文言文译本《天演论》，只是意译了赫胥黎原著的主要内容，并附加了他自己的许多见解。还提到，这一新译本是供干部学习参考批判用的。

周先生大概猜出了我心中的疑惑，摆摆手说，“别找了，里面没有我们的名字！”

“记得是1970年吧，有一天突然接到院里通知，让我到院里去一趟。说实话，我当时心里直打鼓，不知道又惹了什么大麻烦——我们那时候个个如惊弓之鸟……”

先生不紧不慢地接着说。

“那后来呢？”我迫不及待地追问。

“到了院部大楼，被领进一间办公室。见到已经有几位其他所的老先生坐在沙发上喝茶、抽烟、聊天，气氛看起来挺不错，我一路上的担忧顿时烟消云散！”

“动物所的老前辈陈世骧先生向我招招手，我便走过去坐到了陈老的身边。陈老操着嘉兴普通话低声跟我说，‘听说有重要任务’。”

“不一会儿，走进来一位领导向我们传达中央指示：抽调你们几位专家来为伟大领袖毛主席及其他中央领导同志重新翻译《天演论》，这是一项重要的政治任务。希望各位不要辜负上级领导的信任，争取以最快的速度、最高的质量，圆满完成党中央交给你们的光荣任务！”

“听到刚宣布完这一指示，我们几位不约而同地面面相觑，似乎有一种按捺不住的激动……因为其中有的人是刚从‘牛棚’里放出来的——这就意味着‘解放’啦！大家也都为即将能重读英文书而兴奋不已。我暗自高兴的是：伙食肯定不会差！”周先生说到这里，脸上流露出一丝调皮和得意。

“后来，院里把我们几个关到植物所后面、北京动物园的畅观楼里，与外界隔离。我们花了一个多月的时间，连续奋战，完成了译稿。据说先排印了几份线装的大字本，分别呈送主席、总理等中央领导。后来，又由科学出版社铅印正式出版——就是你手里的这本！”

我好奇地问，“你们几位当时是如何分工的？”

“我是几位中的小字辈，他们自然是命我执笔了。陈老的太太谢蕴珍先生翻译过《物种起源》，陈老对达尔文进化论很熟悉，但他老人家是留法的。他让我执笔，我如何推脱，再说也有点儿‘技痒’的冲动，我也便就坡下驴了……”周先生说罢哈哈大笑，显然是颇为自豪的。

“当然，赫胥黎的原著真的不容易翻，手边工具书也不多。好在几位老先生都是满腹经纶，遇到难点大家凑在一起一讨论，一般就都解决了。你看后就知道，篇幅虽不长，难度却不小。原著的注释又很多，加上我们自己的译注，快赶上正文半本书了。”周先生补充道。

“周先生，我过去曾经在哪里好像读到过，毛主席早在青年时代就读过《天演论》了，他老人家文言文那么好，为什么还要你们重新用白话文翻译呢？”我打破沙锅问到底，继续追问。

先生越说越兴奋，“嗨！据说是因为李四光先生多了一句嘴。有一次老人家约谈李先生，他们在一起讨论宇宙演化、生物进化等问题，主席请李先生给他开一张书单。李先生想到他老人家日理万机，得帮他整理一份全面的、通俗易懂的科普资料，这就是在我们的《天演论》新译本出版后，科学出版社又接着出版的那本李四光先生编著的《天文 地质 古生物》。我看你书橱里好像有一本。”

我连忙点点头，“是的，我已认真学习过。”

“在那次谈话中，他们谈到严复翻译的《天演论》。李先生对主席说，‘你们都受骗了！严复哪里是翻译啊？！他塞进了自己的很多观点，赫胥黎原本是批判社会达尔文主义的，结果严复老夫子却在里面大力宣扬斯宾塞的社会达尔文主义思想。’毛主席十分感兴趣地问，‘还有这等事？那么，应该找人给我重新按原本翻译，我想看看赫胥黎到底是怎么说的！’”周先生说完，双手一摊，笑着说：“瞧，这就是李老先生给我们揽来的活儿。不过，你出去可别给我乱说哦！”

我立刻站起来，举起右手，郑重地说，“向毛主席保证：我绝不会对任何人乱说！”

回想起来，当年唯一忘记向周先生求证的是：当时的伙食到底怎么样？吃了些什么好吃的东西……

记得当天晚上我就在办公室一口气读完了周先生执笔翻译的

《进化论与伦理学》，不得不佩服先生清晰流畅的译笔。尤其是正文最后一句：

现在，我们大家可以抱着同一个信念向着同一个希望努力：

也许漩涡将把我们冲刷下去，

也许我们将达到幸福的岛屿，

……但在到达终点之前还有些事情，

一些高尚的工作尚有待完成。

很难想象，当年依然处于“文革”风雨飘摇中的周先生与他的合作者们，在翻译完上面这句话时，彼时彼刻究竟是何等五味杂陈的心情？

另外，在差不多同一时期、同一种情势下，周明镇先生还与吴汝康先生合作翻译了赫胥黎的《人类在自然界的位置》。因此，古脊椎所的前辈们，曾为在中国普及19世纪生物进化论的经典著作，做出过重要贡献。适逢古脊椎所建所90周年之际，我想借此小文记述这一二件珍贵史实。

改定于2019年5月4日（衷心感谢周先生的子女周西苹与周西莓二位向我验证其中一些史实的细节）

2019年
3月

原载于《科学》2019年3月第71卷第2期。

京华名士 沪上趣人

——追忆周明镇院士

有人深思并探求过
你的真谛，
他们很了不起；
我聆听且捕捉了
你玩耍的音乐，
我好惬意。

——泰戈尔（苗德岁译）

2018年11月9日是周明镇院士100周年冥诞，中国古脊椎动物学会在安徽合肥举办了第16届年会，主题之一是纪念该学会主要创建人周明镇先生。作为先生的学术后辈及忘年小友，我有幸应邀回国参会并在会上做了简短发言，追忆先生给我印象至深的往事之一鳞半爪。会间，季英明先生约我撰写这篇小文，以飨读者。

江南才子　沪上趣人

周明镇先生于1918年11月9日出生于江苏南汇（现属上海），时值五四运动的前夕，动荡不安的中国现代史也即将拉开帷幕。这段历史自然也就决定了他曲折并富有传奇色彩的一生。周家是浦东的名门望族、殷实之家，先生的父亲周培（号翰澜，1896—1966），毕业于北京大学数学系，而且有留学经历，早年曾被黄炎培聘为上海浦东中学的数学老师，后来担任过大学教授，授业弟子包括施士元、王淦昌等著名科学家。先生的母亲张瑾如则是知书识礼的新女性。生长于这样的书香之家，先生自小就受到良好的教育，小学就上的是西式新学堂，后来又先后就读于浦东中学、省立上海中学、省立杭州高级中学等江南名校。在杭高，先生邂逅大家闺秀柴梅尘（1917—1993）并相识相恋；先生于1934年毕业于杭高。抗战伊始，先生辗转逃亡到战时大后方的陪都重庆，并于1939年考进重庆大学地质系。

战时的重庆大学地质系汇聚了当时中国地质学界的卓彦大家，朱森先生兼任系主任，聘请了许多德高望重的学者任教，包括李四光与杨钟健等。周先生的同班同学与好友、已故著名古植物学家李星学院士曾告诉我："当年的周明镇，不仅英气逼人，而且才气逼人，深受我舅父（即朱森）以及系里教授们的赏识，也让同学们羡慕不已。他才思敏捷、中英文都好，是班上的学习尖子。更令我们不解的是，他看起来并不那么十分用功（呵呵），而且在校期间已经有了家室，大二时就做了爸爸（大笑）。因此，他课余还要到处兼差、赚钱养家，他显然属于那种天才型的人物……"

周明镇先生1943年从重庆大学毕业后，先在四川地质调查所任技士，旋即回母校地质系任助教。20世纪90年代初，中国科学

周明镇先生和夫人柴梅尘

院南京地质古生物研究所研究员、著名三叶虫研究专家张文堂先生来我校造访期间，向我谈起他的重大地质系学长及老师周明镇先生时，充满深情地回忆道，那时的周先生风华正茂、潇洒倜傥；因为他是上海人，故有“江南才子，沪上趣人”的美誉。他的夫人柴先生美丽端庄、谈吐优雅，他们夫妇真是一对神仙伴侣，令我们年轻人十分艳羡与仰慕。

赴美留学　迷上“龙骨”

抗战胜利后台湾回归祖国，先生于1946年携家赴台湾，到地质调查所任职。次年他只身自费赴美留学、继续深造，柴先生则携带两个幼子留台。在其后的四年中，他先在俄亥俄州的迈阿密大学取得硕士学位；1948年秋，进入位于宾州的理海大学（Lehigh University）地质系攻读博士学位。1949年暑期，先生到纽约去看望好友匡达人先生，并在纽约选修了美国自然历史博物馆的暑期课程，从而有幸结识了美国三位伟大的古脊椎动物学家：辛普森

（George G. Simpson）、科伯特（Edwin Colbert）与谢佛（Bobb Shaffer），并立即迷上了古脊椎动物学。经谢佛推荐，先生成为普林斯顿大学著名古哺乳动物学家杰普森（Glenn Jepsen）的学生。1950年初，尚未完成博士学位的先生便“转战”普林斯顿大学，师从杰普森教授学习古脊椎动物学，兼做其助理研究员。同年初夏，先生获理海大学地质学博士学位；那年夏季，他随杰普森率领的野外队，在位于怀俄明州的落基山大角盆地工作了整整一个夏天。可以说，他对哺乳动物化石的终生迷恋，就始于此处。颇具象征意味的是，这里的野外工作还标志着他辉煌职业生涯的起点，因为一年之后，他便满怀着一位有志青年的崇高理想、雄心壮志及爱国热情回到了祖国。

在普林斯顿大学的一年间，先生与在那里学习美术史的上海同乡方闻先生结成了莫逆之交，后来方闻先生留在美国，成为美国东方美术史研究领域的巨擘。先生临回国前，好友劝他三思，但深具家国情怀的先生却义无反顾，于1951年初取道日本和香港地区，回到了梦魂牵绕的祖国大陆，遂与先期取道澳门自宝岛归来的妻儿团聚。

家国情怀　屡折不挠

先生回国后的第一个教职，是在当时位于美丽青岛的山东大学地质系担任副教授。当年夏季，先生带领山大地质系学生在莱阳一带野外实习，巧遇也在那一带进行野外考察的杨钟健教授、刘东生先生等一行人。杨老是先生当年在重大时的老师，时任中国科学院编译局局长；但杨老并不安于高官厚禄，他心心念念的还是研究古脊椎动物化石。彼时，杨老正打算建立一个专门研究古脊椎动物（包括古人类）化石的机构，在野外巧遇学成归国的往日学生，欣喜之情油然而生。回京后，杨老就开始利用他的地位与“关系”，设法把周明镇先生以及同是留美归国的解剖学家吴汝康及其助手吴新智，分别从山东大学和大连医学院调入中国地质工作指导委员会下辖的新生代研究室。1953 年，先生襄助杨老创建了中国科学院古脊椎动物研究室，即中国科学院古脊椎动物与古人类研究所的前身。自此，世界上独一无二、专门从事脊椎动物化石研究的独立科研机构在中国诞生了。从那时起，一直到他生命的最后一刻，周明镇先生将其毕生的心血、精力及聪明才智，全部奉献给了这个研究机构的发展和繁荣的事业上。正如古脊椎所坎坷的发展道路不可避免地受到他的祖国自身命运的左右，先生个人一生的荣辱和成败，也和古脊椎所的命运紧密地联系在了一起。

古脊椎所的光辉的起点，无疑主要归功于杨钟健院士崇高的学术声望和强大的政治影响力。20 世纪五六十年代，生活简朴而舒适的先生，不仅开始享受到事业成功所带来的最初的喜悦，而且很快从同辈中脱颖而出，受到了上一辈学者们的推举与赏识。比如，1956 年访苏代表团成员基本上是杨老、斯行健、赵金科那一辈的资深学者，而年仅 38 岁的周明镇先生不仅是代表团成员，由于他出色的外语水平以及非凡的社交能力，还担任了代表团秘书。事实上，他不仅迅速赢得了杨老的充分信任、支持，而且还受到了他政治上的保护。先生晚年曾向我坦言，如果不是杨老以及院部的张劲夫、杜润生等领导的保护，像他那样口无遮拦的人，若是留在山大或其他高校，肯定难逃 1957 年那一劫的。

1957 年，周明镇先生协助杨老共同创办了《古脊椎动物学报》。作为古脊椎所乃至于整个中国古生物学长远发展的规划者之一，他参与起草、制定了人才培养计划以及学科发展规划。他还组织和领导了许多大规模的野外考察与发掘活动，足迹遍布中国的许多省区。比如，在西北地区开展的中苏联合古生物考察，他就是考察队主要负责人之一兼中方队长。在十年左右的时间里，他从无到有，一手组建起了实力颇为雄厚的古哺乳动物研究室，汇集成由留苏归国学生及国内高校培养的青年组成、既富有才智又颇具献身精神的学术群体。先生不仅在专业上悉心指导他们，甚至亲自教授他们英语、法语。通过经常地与这些学生合作，他此间共发表了100多篇研究论文和5部学术专著。他的研究涉及古脊椎动物系统学、古脊椎动物地层学、第四纪地质学、古生物地理学及古气候学等众多学科领域。这些工作很快引起了国际同行们的广泛关注。比如，哈佛大学著名古生物学家罗美尔教授在1955年出版的经典教科书《古脊椎动物学》修订版中，便引述了先生回国后早期的研究成果，并提请读者继续关注周明镇在中国的工作成果。

先生在大科学家中，是少数几位非常重视科学传播并身体力行亲自实践的人。他回国不久，就曾在《科学通报》及《生物学通报》等刊物上，发表一系列高级科普文章，介绍脊椎动物的起源与演化、普及恐龙化石知识、讲述北京猿人的故事等。此外，他编写的《我国的古动物》一书，颇受欢迎，不断地加印与再版。他还组织年轻同事们，译介国外的科普精品。他深信，自然科学博物馆是向广大青少年普及科学知识的重要场所，因此，毕生不遗余力地推进各地自然博物馆的建设与发展。

周明镇先生在科学领域的建树与成就广为人知，然而，在他回国初期，他为求得内心宁静所做的挣扎，却常常被人们忽视。作为一个富有理想、崇尚自由与个性的青年知识分子，先生在回国伊始实实在在地经历了一场不小的文化冲击。刚刚离开他所钟情的国度，先生很快意识到，自己竟坠入对该国无比仇视的一片汪洋大海。他内心的理性与良知，都无法使他顺利完成180度的瞬时间转变，这无疑给他带来极大的困扰与迷茫。在那段岁月里，他的家国情怀与对科学事业的专注，无疑是支撑他忍辱负重的主要精神支柱。其结

1956 年中国古生物学家代表团访问苏联科学院古生物研究所
周明镇（左三）、杨钟健（左四）、斯行健（左六）、赵金科（左八）。

果是，无论先生如何兢兢业业、勤奋工作，却总是很难与主旋律琴瑟和谐，因此，他总是被视为一块“臭豆腐”，即：学术上是个宝，政治上不可靠。

正当周明镇先生事业上处于巅峰之际，持续十多年的“文化大革命”在 1966 年爆发了，他的研究活动不得不戛然而止。如同其他许多杰出的中国知识分子一样，先生轻易地便沦为斗争的对象和在劫难逃的受害者。他失去了挚爱的长子以及十年宝贵的光阴。虽然经历了这十年痛苦岁月的煎熬，先生并没有被打倒。“文革”一结束，他便重整旗鼓，加倍地投身于科学研究与人才培养，立志要把损失的时间补回来，更坚定地要把古脊椎所推上国际瞩目的地位。先生凭借着坚强的毅力、执著的精神，以及政治上的机敏、镇定与诙谐，取得了卓越的成就。他堪称真正的“幸存者”和胜利者。尤其令人敬佩的是，在“文革”末期，当政治气候稍微宽松时，他便适时组织了一系列对华南地区红层的野外考察，采集到许多前所未知的、富有土著色彩的古新世-始新世哺乳动物化石标本，从而真正揭示了亚洲哺乳动物时代的端倪。

京华名士　性情中人

1979年，周明镇先生继杨老之后出任古脊椎所第二任所长，并于1980年当选中国科学院学部委员（院士）。他果断并迅速地抓住改革开放带来的大好时机，领导古脊椎所重新回到国际古生物学的大家庭，并担任国际古生物学会副主席。他大胆提倡国际交流、访问及合作考察与研究，并积极地为其他同事与学生争取到西方国家留学深造的机会。笔者即是最早的受惠者之一。

在周明镇先生的领导下，古脊椎所人尽其才，物尽其用。他重人才，不重门第；重能力，不重资历；重表现，不重表面。在一个传统上往往助长后者的环境中，先生自然并不总是能够得到充分理解的。但时间是真正的试金石，随着时间的推移，先生当年的一些举措，现在看来是极有远见的，大家现在喜欢用时髦的词语来描述他——一位真正的“战略科学家”。

周明镇先生不仅学识渊博、几乎过目成诵，而且十分乐意与他身边聪明敏锐的同事们真诚地分享他的知识与见解。然而，先生思维敏捷，甚至于极端跳跃，他习于在交谈中迅速变换话题，并常说半句话，往往令听者如堕五里雾中。我曾就此私下请教过他，先生笑答，“心有灵犀一点通”，明白人一提就懂，不明白的，你说上一百遍也没用！我说，这大概就是爱因斯坦所谓的“like-minded beings”（气味相投者）吧。他坦言道，他常常被甚至是他最亲近的同事所误解。我打趣地跟他说，爱默生说过“当伟人就会被误解（To be great is to be misunderstood.）。”他耸耸肩，报以难言的一笑。

周明镇先生交友广泛，被称为“京华名士”；他的朋友圈“三教九流”，不限于科技界。他曾任全国政协第六、第七届委员，文化界的朋友也很多；吴冠中是跟先生过从甚密、友谊长达半个世纪的老朋友。他与师母跟巴金、萧珊夫妇也是终生好友，巴金《家书》中多处提到先生与师母；而《再思录》中则收录了巴老与先生和师母之间的十几封通信。1993 年，周明镇先生荣获国际古脊椎动物学界的最高荣誉——罗美尔-辛普森奖章（他是美国、加拿大古脊椎动物学家之外获此殊荣的第一人）。在纽约时，杭高校友们设宴为他道贺，出席的有金庸以及《世界日报》主编等。《世界日报》还刊登了对先生的专访，称先生是归国的杭高校友中“成就最高者”。

周明镇先生博览群书，视野宽广，思想敏锐，常常把国外最新的学术进展与思潮率先介绍到国内。他是最早把板块构造理论、分支系统学、隔离分化生物地理学的最新进展以及波普（Karl Popper）和库恩（Thomas Kuhn）的思想介绍到中国的少数中国学者之一。

周明镇先生于 1996 年 1 月 4 日病逝于北京，享年 78 岁。他的骨灰安葬在北京周口店北京猿人遗址附近，与他的良师益友杨钟健院士做伴。遵循先生的遗愿，他的一部分骨灰安葬在他学术生涯的起点处——美国落基山大角盆地的“普林斯顿大学化石点”（又称“杰普森化石点”）。在 2001 年夏日的一抹夕阳下、在落基山凉爽的山谷风吹拂之中，几十位美国同行（包括笔者的美国导师夫妇）聚集在一起，举行了庄重肃穆的安放仪式。先生的次子周西芹与儿媳李成萃以及先生的年青弟子王元青教授也参加了安放仪式。我在为北美古脊椎动物学会会刊撰写的报道中，是用下面这段话作结尾的：

“朗弗罗诗云：‘伟人们的生平揭示：我们可以让自己的人生变得壮丽；当我们挥手而去，在时光的沙滩上留下行行足迹’……周明镇先生留给我们的精神遗产包括他对科学事业的挚爱、对启迪后学的热忱，以及在乱世逆境中的坚守。”

2010 年
11 月 1 日

原载于中国科学院南京地质古生物研究所网站。

缅怀李星学先生

今天一早起来，惊悉李星学先生驾鹤西去，回想起与李先生几次愉快的交往，我把它记下来，以表示对先生的深切缅怀。

近 40 年前在南京大学地质系上学时，就在“古植物学”课程里，获知了李先生的大名。但直到那之后约 20 年，才有幸第一次与李先生谋面。那是 1992 年暑假我回国期间，金玉玕先生邀我在南古所开放实验室做个科技英语写作的讲座。当我走进会议室时，一眼就看见李先生坐在前面，面前的桌子上还摆着笔记本和圆珠笔。我心里一阵感动，便走上前去，自我介绍。李先生紧握着我的手，爽朗地笑着对我说：“你不用介绍，你是周明镇的小门生，我早就知道你了！”当然，周先生也曾给我讲过他这位同窗好友的很多情况，所以，我跟李先生有倾盖如故的感觉。特别值得一提的是，那天在我一个多小时的胡聊乱侃中，李先生一直在认真地做笔记，让我既愧疚又钦佩，老先生这种不耻下“学”的精神，给我留下了终生难忘的印象（几年后我在中国科学院地质研究所演讲时，刘东生先生也是如此，更让我觉得跟这些老前辈们比起来，自己差得真是很远很远）。

1997年，我应邀为《古生物学百科全书》（*Encyclopedia of Paleontology*）写中国古生物学研究简史的条目。那时周明镇先生已经作古，对抗战时期的一些史料中的问题，我很自然地想到去请教李先生。我把自己写的英文初稿发给李先生，他在百忙之中，不仅仔细阅读了我的稿件，提供了重庆大学和西南联大地质系的部分史料，还特别对我的英文写作给予了热情的鼓励。

2000年6月初，我在北京西苑饭店第二次见到李先生。那是周忠和学成归国后首次牵头承办国际古鸟类学术会议，我回去为他在会务方面帮帮忙。会议报到的那天晚上，主办单位古脊椎所在西苑饭店后面的“食府”，举行自助晚餐招待会。我与张弥曼先生刚到不久，正要入座，突然透过窗户看到李先生伉俪与顾知微先生夫妇到了门前。张先生让我跟她一起到门口迎接一下南京来的贵宾，见面后大家自然都很高兴。张先生生怕他们不认识我，便连忙介绍说：“这是美国回来的小苗。”李先生伸过手来，笑嘻嘻地说：“我们认识，这是周明镇的小门生嘛，呵呵……”大家也都乐起来了。在取自助餐时，我看到在携女眷的中国男士中，只有李先生是先替夫人夹菜，然后自己才添。入座之后，我跟李师母开玩笑说：“李先生真是绅士呀，先给您拿菜呢。”李师母不无得意地说：“那是！可我对他多好，你们却看不到。”李先生连忙说：“是啊，是啊，老伴一辈子对我那可是没得说！”大家又都乐了起来。从我这个做晚辈的角度，当时对一对老人互敬互爱、相濡以沫的深厚感情的自然流露，委实是羡慕极了。

会议的第二天中午，吃完会议提供的午餐盒饭，我请李先生夫妇回宾馆午休一下。但李先生不愿意错过下午的第一个报告，便说：“今天不午休了，咱们在这聊聊天吧。”其间，我们海阔天空，谈了许多，可是有两个话题我至今难忘。一是，李先生深情地说：这几年辽西热河生物群研究工作进展很大，这次会议开得这么好，若是周先生还健在的话，看到这些，他会多么高兴啊！另一个是，李师母问我老家在哪里，李先生倒是替我回答了：小苗是安徽桐城派文人。我连忙说：真的谈不上，我是凤阳人，沾不上桐城的灵气。我接着问李先生的桑梓何处，李先生说是湖南郴州。我兴奋地说：啊，郴州——好地方啊！李先生问：你去过？我说：没有，但那是“郴江幸自绕郴山，为谁流下潇湘去”的郴州呀！李先生一下子提起了精神，问：这是谁的诗？我答：是秦观《踏莎行·雾失楼台》一词的最后两句。李先生连忙掏出笔记本来，要记下来，说回去查查看。我说：这是首小令，不长，我记得。李先生马上饶有兴趣地让我背诵一遍，并露出赞许的神色，令当时不知深浅的我颇为自得。这次会议期间，我与李先生接触比较多，加深了相互的了解。

2002 年 6 月底，我再次去南京，刚好赶上 973 项目专家组会议在凤凰台宾馆举行。我下了火车，就赶到了凤凰台宾馆。那是我第三次与李先生相会，这次是李先生把我介绍给盛金章先生，又说：这是周明镇的小门生。我不好意思地说：其实，我在南大时，盛先生曾给我们讲过一次课呢！是我认识先生，先生不认识我而已。两位先生听了哈哈大笑。后来，当李先生听说我太太和两个女儿当时也在南京时，便提出要做东，请我们一家吃顿饭。可是，由于我们那次行程安排太紧，辜负了李先生的美意。

2006 年 6 月，国际古生物学大会在北京召开。我主持一个中国古生物学发展史的专题小组会，事先邀请李先生参加。但我在海外并不知道当时李先生已患白血病，李先生接到我的邀请后，欣然允诺。直到我在北京开会见到他时，才发现他的身体大不如前，陪同他前来的是他的女儿。我是从他女儿口中得知他的病情的，可在整个会议期间，李先生仍旧是精神振作，求知欲极强，听了许多学术报告。在我的那个专题小组会上，虽然他的报告是由他的弟子和合作者王军教授做的，可是李先生从头到尾都在我的那个专题小组会上，积极参与。我知道他那是对我最大的支持，是给我这个后辈真正地捧场，我从心底里由衷地感激他。

谁知道那次是我们第四次、也是最后一次见面。今晨我惊悉李先生离去的消息后，在第一时间给我这里的同事、也是李先生的同行好友、美国科学院院士、总统科学顾问汤姆·泰勒（Tom Taylor）先生发了邮件，Tom 很快回了我的邮件，他写道：

Desui: He was a great paleobotanist and wonderful person. I am saddened by his loss. Tom（德岁：他是一位伟大的古植物学家和了不起的人。他的逝去令我悲哀之极。汤姆）

李先生安息吧，您一生为之奉献的中国古植物学研究后继有人。

2009年
5月14日

原载于《探幽考古的岁月》，海洋出版社，2009。

我见青山多妩媚

自1978年作为“文革”后首批研究生进入中国科学院古脊椎动物与古人类研究所以来，斗转星移，转眼间已经31年了。当年的“小苗”于今已变成了枯茅，但回忆起“我与古脊椎所”，依然按捺不住心中的激动甚或五味杂陈，犹如中老年人回顾刻骨铭心的初恋一般。

结缘《化石》杂志

我最早见到的古脊椎所的同事，是刘大哥（刘后一）和张锋。

那是 1975 年的冬天，我在南京大学地质系地层古生物专业学习。他们当时在编辑出版《化石》杂志，那时候非政治性出版物很少，科普杂志更少得可怜。张锋前不久刚给毛泽东主席写了一封信，竟然得到毛主席的批示；为此，《化石》后来还一度专门为毛主席和中央领导印了几份线装大字本。这在当时特定的历史背景里，也算是一件很耐人寻味的事。有了“尚方宝剑”后，刘、张二位兴冲冲地到外地去组稿。他们在南大时，与古生物专业的师生开了个座谈会。会上，与会的师生一致建议我为《化石》写一篇稿子。

我当时只是个刚刚接触古生物学的大三学生，写什么呢？张永辂老师让英文流利的印尼归侨黄建辉老师帮我选个题。黄老师找到英国《自然》杂志上的一篇文章，是讲通过泥盆纪珊瑚化石的生长线来推算那时一年里有多少天的。我当时正在学英文的兴头上，便费了九牛二虎之力，先将原文翻译成中文，黄老师看后给了我很大的鼓励。在此基础上，我很快就“编”出了一篇文章，题为《古生物钟浅谈》，发表时，编辑部特意在作者署名前面加上“南京大学工农兵学员”。记得文末一段，我引用了毛泽东的诗句：“坐地日行八万里，巡天遥看一千河。”南古所戎嘉余院士曾不止一次地打趣说：“小苗的美文，毛主席是看过的。”但我确信，至少古脊椎所的同事中，当时是有人看过的，或许会留下点印象。至少，我刚进所时，不少人就知道我不是张铁生那样的“白卷英雄”。进所后，刘大哥和张锋又数次向我约稿，但我只是在回江苏探亲时抽暇又编译过两篇，一篇叫“白宫里的古生物学家：汤姆士·杰佛逊”，另一篇题为“剑齿虎与机能解剖”，两篇小文都是侯晋封先生配的图。

初识周明镇先生

1977 年仲秋的一天，我在当时任教的南京地质学校办公室里，接到南京大学刘冠邦老师的电话，他告诉我，古脊椎所的周明镇先生后天要来南大做报告，通知我去听。同时，他让我在报告会开始前，先到古生物教研室去，教研室的老师们要把我推荐给周先生，因为据传很快就会恢复招收研究生。

那天下午，我怀着喜悦、期盼和忐忑不安的心情，走进了南大东南楼的古生物教研室。教研室的许多老师都在那里，坐在俞剑华老师座椅上那位生人，想必就是大名鼎鼎的周明镇先生了。我一进门，俞老师就把我介绍给周先生，张永辂老师趁机对周先生说：苗德岁的中文底子很好，学习用功，英文也学得不错。周先生站起来跟我握了手，他那高大的身材让当年长得瘦小的我，不得不仰视他。周先生坐下之后，从中山装的口袋里，掏出一盒带锡纸的牡丹牌香烟，抽出一支，递给我，说：来一支？我腼腆地说：不会抽。他说：那你不能到我们所里来，不会抽烟，怎么能要龙骨？他的话引起了满屋子人一阵大笑。

我注意到，周先生并没有像一般国人那样，给周围的老师们“敬烟”，尤其是坐在周先生对面的俞老师，就是个chainsmoker（“烟鬼”）呢。

还有一件事给我的印象很深。周先生问：“陈老师身体怎么样？”这里的“陈老师”是指写过《中国南部之鏟科》的陈旭老先生，他曾是周先生在重庆大学地质系读本科时的老师。王建华老师答道：陈老身体很好，有时候还到办公室来。喏，靠窗的那个办公桌就是陈老的。周先生吃惊地问：陈老的藤椅怎么破成这个样子？系里为什么不给他买个新的？在座的老师们闻后都面面相觑，无言以对。

2003年7月，我曾写过《恩师周明镇院士安葬周口店感怀》，开首一句就是回忆我们在南大初次见面的：“初遇金陵忆犹新，先生仙骨已作尘。廿年知遇恨才浅，三载启蒙感恩深。名士风流凭毁誉，大家典范共效行。潇洒一回君既走，何患生前身后名？”

三堂会审

1978年7月，那个令人难忘的盛夏酷暑，我满怀希望地奔赴北京，参加古脊椎所的研究生复试。我自觉是很轻松地考完了复试的笔试部分，第二天上午，我被排在复试的口试部分的第一人。那是在周明镇先生的办公室里，分别几个月，只有一面之交，周先生竟还记得我，他劈头就问：“我被翟老‘暗度陈仓’了！怎么回事？”我不好意思地说：“周先生名气大，我怕考不上……”他笑着用英文说：“Sheer nonsense！（胡扯）”他接着鼓励我说：“Take it easy. You’ll be OK!”（放松点。你没事的！）他生怕我听不懂，还用中文问我懂了没有，我点了点头。

那天的主考大人当然是周先生，副考官是邱占祥先生和翟老，吴文裕大姐作笔录。我刚进门时虽有点儿紧张，可周先生几句话，就让我如释重负。记得口试的气氛很轻松，除了邱老师问了实质性（甚或刁钻）的问题外，整个“三堂会审”倒像是在茶馆里闲聊。然而，周先生问我的一个问题，却让我终生难忘——因为我没答出来。他让我用中、英文把达尔文《物种起源》一书的全标题说出来。我只答出了主标题：《物种起源》（*The Origin of Species*），却不知道还有一个副标题：《通过自然选择或在生存斗争中适者生存》（*By means of natural selection, or the preservation of favoured races in the struggle for life*）。

我到了美国后买的第一本书就是 *The Origin of Species*，而且认真地读过。后来，自己坐到了考官的位置上，周先生当年问我的问题，也被我继承过来，用于“刁难”美国的研究生们。古脊椎所的现任所长周忠和，在他的博士资格考试上，就被我问过这个问题，因为他熟知这一典故，有备而来，所以他答出来了，而考官中的美国教授却也有答不上来的。

知遇之恩永难忘

古脊椎所是我学术生涯的起点，她对我有知遇之恩。当年的师长和同事们，多年来给过我许多帮助，我一直铭记在心，但在这篇短文里，我却无法一一提及，我对他们感激不尽。古脊椎所建所 80 年来，“江山代有才人出”，有许多值得大书特书的人与事。我有幸在所里学习和工作过 3 年多，拾得一鳞半爪，权作“To see a world in a grain of sand”（一粒沙里看世界）吧。

（感谢张弥曼、戎嘉余老师对本文初稿的校正，以及周忠和的阅读和谬赞）

2014年
11月25日

写于美国堪萨斯州劳伦斯市

原载于“庆祝中国科学院古脊椎动物与古人类研究所”建所85周年“所庆征文”。http://www.ivpp.cas.cn/zt/zt/85anniversary/85ann_data/201811/t20181103_5162940.html

感恩节的思念

后天就是一年一度的感恩节了，我在不久前逃过一劫之后，静下心来检点此生，倍感所需感恩之人、之处、之事甚多，而其中不少又都与中国科学院古脊椎动物与古人类研究所有关。适逢古脊椎所85周年所庆征文，我匆匆写下几个字，以表心意，愿古脊椎所继承光荣传统，不断发展壮大，永铸事业辉煌。

念此一生我所求学和工作过的地方不下十处，古脊椎所既不是我待得最长的地方（实际时间不足三年），也不是我最为“风光”的地方（只是读研以及硕士毕业后留所短暂工作），我何以对她有一种极为特殊的感情呢？顿时，王安石一首不出名的小诗《鱼儿》突然浮现在我的脑海："绕岸车鸣水欲乾，鱼儿相逐尚相欢。无人挈入沧江去，汝死那知世界宽。"原来古脊椎所是我开阔视野、走向世界的地方！

我刚到所里不久，杨（钟健）老仙逝，周明镇先生曾让我协助杨老夫人（王国桢）整理《杨钟健回忆录》，从中我了解到研究所草创时期，杨老带领几位前辈白手起家、披荆斩棘建立学术的壮美史实。谈到"研究所文化"（institutional culture），个人愚见，首先一条就是领导者的视野宽阔。从杨老、周先生、张弥曼先生、邱占祥先生直到如今的"少帅"周忠和，研究所的数任领导都是具有国际大视野的享誉世界的大科学家。因此，从建所伊始，古脊椎所即是一个国际化的研究机构，掌门人也多是"海归"——这是古脊椎所能成为国际古生物学重镇的关键所在。

其次，研究所的学术环境宽松，也是古脊椎所能够人才辈出、历久不衰的重要文化元素之一。在古脊椎所，不是靠你的出身背景，而是靠你的聪明才智和勤奋努力。这一点本人深有感触，我刚进所时嘴上无毛、啥都不懂，只是在中英文文字方面初步达到文从字顺，就受到前辈们的大力栽培，并给我各种机会得以历练。翟人杰、郑家坚、齐陶等先生都曾慷慨地把他们手中珍贵的化石材料送给我去研究。大家有不同意见和观点，也都能开诚布公、平心静气地切磋讨论，国内常见的"窝里斗"的现象，在古脊椎所十分罕见。"海阔凭鱼跃，天高任鸟飞"在这里不是一句套话、空话，而是实实在在的情形。古脊椎所不会"遗珠"，不会压制和埋没人才——这是古脊椎所最为吸引人的地方！

再次，古脊椎所的同仁们人心宽厚，让人置身其中，如沐春风，心情舒畅。小所有小所的好处，从杨老开始，研究所就宛若一个大家庭，现在研究所壮大了，但这种传统还保持着，这是十分难能可贵的。我离开研究所 30 多年了，可每次回所都像是回家的感觉。前不久住院期间，所里上上下下、老老小小，很多同事和朋友们来电话和邮件问候，让我非常感动。我刚进所时还年轻，大家都亲切地叫我“小苗”，他们在学习、生活、工作等各方面无微不至地关怀和照顾我。比如，我在做硕士论文时，有篇俄文文献看不懂，办公室隔壁的邱占祥老师晚上来一字一句地替我翻译讲解，尽管他自己非常忙。我婚前，不少老同事张罗着要给我介绍对象，婚后拙荆来所里探亲，胡长康、张玉萍、王伴月、欧阳涟等阿姨或大姐们都来看望，真是亲如一家——这就是古脊椎所让人恋恋不舍的地方。

最后，生活及工作氛围的宽容。古脊椎所人宽宏大量、肚大能容。当我看电影《美丽心灵》（A beautiful mind）时，看到普林斯顿高级研究所能够容纳和厚待“疯”了的怪才约翰·纳什（John Nash）时，我立即想到古脊椎所也是这样的研究机构。在这里，一个性情有些怪癖的人，不仅不会受到歧视，而且会受到同情的理解和关爱。陈景润式的人物也绝不会被埋没，各种类型的人物只要能发挥一点正能量，都会得到支持和鼓励。百花齐放才是春——这就是古脊椎所不同凡响的地方！

我上面提到的“四宽”（领导视野宽阔、学术环境宽松、同仁们人心宽厚、生活及工作氛围宽容），尽管未必是古脊椎所文化的全部，但我个人感受它们应是其中重要的组成部分。最后，我佛头着粪，步王半山原诗的韵来结束这篇小文，算是我为所庆献上的一瓣心香：“源头活水永不干，鱼儿嬉戏相逐欢。古脊椎所放异彩，兴旺发达缘‘四宽’。”

2022年
8月31日

原载于《中华读书报》。

文字缘 同骨肉深

——读《十年山野路漫漫——新生代化石考察记》

大约20多年前，我第一次听说邓涛。那是有一次我的同事和朋友王原发给我邓涛诗词的链接，我打开拜读后不禁大吃一惊：这么年轻的同事，古典格律诗词写得这么多、这么好！记忆中，我当时读后对他的五言诗尤其赞不绝口。后来，他在科学网上开博客，我默默地关注他，并经常去阅读他的博文。看得出，他是创作热情很高的人，笔勤，写得也好。后来我回所里访问时，认识了邓涛后才得知，原来他在西北大学读研究生的导师竟是我的大师姐薛祥熙先生，可见世界之小。

40多年前，我在中国科学院古脊椎动物与古人类研究所工作的时候，周明镇先生曾指派我帮助老所长杨钟健先生的遗孀王国桢先生整理《杨钟健回忆录》；那期间，得以阅读了大量杨老的日记和文章。记得当时给我印象至深的，是杨老的笔勤与笔健。读了邓涛的新作《十年山野路漫漫》，令我看到了作者与杨老的众多相似之处。我可以负责任地说，邓涛现任古脊椎所所长，他不但继承了杨老的遗志，立志把古脊椎所办成国际上首屈一指的古生物学研究机构，而且延续了杨老的文脉，每每考察一地均留下了精彩诗文。

本书记载了作者自 2011—2020 整整十年间野外考察的步履与行踪。虽然有些篇章以前在他的博文里读过，这次重读依然感到兴味盎然，进而爱不释手。盖因其中记载的许多人与事都是我十分熟悉的；然而，时隔多年，我又是个“懒笔头”、未曾留下过只言片语的记录，幸好读了邓涛文采飞扬的纪行，也帮助我忆起了许多有趣的经历。比如，本书开篇“天山南北”一章，其实在天山北麓石河子周边的那次考察，我与他是在一起的：我们下榻同一宾馆、考察同一剖面、参观同一农垦纪念馆。在书中的那幅丹霞地貌照片的地点，我与我的朋友张弥曼院士及瑞典同事傅睿思院士还一起留了影。我那时参与张先生主持的青藏高原新生代鱼类演化与高原隆起的研究项目，邓涛作为熟悉新疆地层的专家被张先生邀请去指导我们的野外工作。除了邓涛在书中的详尽描述之外，也勾起了我对那次野外考察的星星点点的愉快回忆。

邓涛是位十分有趣之人，除了舞文弄墨之外，还有观鸟和摄影的爱好。野外工作是很辛苦的，他依然每天都扛上他沉重的“大炮”（全套专业摄影设备）出野外，当然他也是仰仗着自己的年轻力壮。在大家野外午餐稍事休息的时候，他就去捕捉“天高任鸟飞”的精彩镜头，一点儿也不觉得疲劳，真正是乐此而不疲。他还给大家介绍那些野生鸟类的名字和习性等知识，令我们好生羡慕。本书中的多幅精彩的鸟类图片，即是他多年来在野外观鸟的部分摄影佳作。

2011 年 5 月摄于新疆石河子水库边的丹霞地貌点（左二，傅睿思院士；中，张弥曼院士；右一，本文作者）

再就是张弥曼先生与丹麦古植物学家佩德森教授那时都早已踏入了“从心所欲”之年，但在野外工作中却依然像年轻人一样不畏艰辛，勇攀高峰，令人由衷敬佩。有一次爬一个极为陡峻的山坡，脚下又是风化了的松散泥页岩，走在上面非常之滑，并十分危险。快接近峰顶的时候，由于坡陡路滑，真是举步维艰。张先生竟坚持爬上了山顶，当时大家着实吓出了一身冷汗！在野外佩德森教授更像是小朋友闯进了糖果店一样，兴奋至极，每到一个剖面，他总是四处“乱跑”，且往往率先发现化石。由于午间天气炎热，他索性“赤膊上阵”，“撒丫子”到处寻找化石，对我们这些学术后辈来说，不啻是一种现身说法的榜样力量，使我们受到了极大的激励和鞭策。

石河子素有“军垦第一城”的美誉，也是著名“兵团八师”的师部所在地。当年的军垦老兵们也都进入了颐养天年的岁月。晚间，我们宾馆附近的军垦广场异常热闹，除了广场舞之外，由于河南籍老兵众多，还有他们精彩的豫剧表演。我与张先生、傅睿思院士以及佩德森教授等一行，也去广场纳凉。在那里我们竟然买到了格瓦斯汽水！对于曾留过苏的张先生与小时候曾在哈尔滨生活过的我来说，无疑是一种惊喜。喝着睽违多年、想念已久的饮料，听着熟悉的歌曲以及豫剧，与好友们欢快地畅谈，一天野外工作下来的疲惫瞬间散尽。感谢邓涛的新书，勾起我这段甜蜜的回忆。

接下来的第二章“谢家小村”，同样勾起了一段我对陈年旧友的追忆与怀念，尽管我从来没有机会去过那个地方。王士阶是我大学同窗、舍友以及好友，1978 年初夏我从南京赶赴北京的古脊椎所，参加“文革”后首届研究生入学考试复试，当时就住在士阶的宿舍里。那时他正在准备进所后的第一次野外考察，因而十分期待，也有点兴奋。他估计我被录取的可能性很大，而且我报考的正是古哺乳动物专业，因而他也提前给我介绍了一些研究室的情况，包括他将要跟随去青海野外考察的两位研究人员李传夔与邱铸鼎。那是科学的春天，大家都鼓足了干劲。待我秋季入学进所读研究生时，他们已从野外回来。我又跟士阶与张文定成了舍友，自然听士阶讲述了许多他们野外工作的收获与见闻。因此，邓涛写的有关士阶他们一行 1978 年的谢家考察，我也早有所闻。也正是那次野外工作，士阶与李传夔和邱铸鼎兄结下了深厚的友谊。我进所后，与李公和铸鼎兄在同一研究室，相处甚笃。掩卷思友，难免伤心，因为李公与士阶都已驾鹤而去，读了这本书，他们的音容笑貌依然那么鲜活。

再就是第 17 章“泗洪搜寻”里的下草湾化石点，我比作者早去了 40 多年。我在南京大学毕业实习时，刘冠邦教授曾带领我和同窗孙卫国兄，到泗洪的下草湾化石点去考察地质并采集化石。我们师生三人还在王集公社食堂搭了好几天的伙呢！ 20 世纪 70 年代中期，当地还很贫困，公社食堂的伙食也很差。由于濒临淮河与洪泽湖，那里的鱼很多，有一天我们在野外归来时碰上了打渔的村民，刘老师便买了几条鱼，准备晚上借公社食堂的锅烧出来，给我们打

1978 年 7 月摄于北京古脊椎所南楼楼顶平台（左一，王士阶；中，戎嘉余院士；右二，本文作者）

打牙祭、改善一下伙食。但是，在那个年代，食用油都是凭票定量供应的。无奈我们只能用白水煮了一锅鱼汤，撒点儿盐进去而已。记忆中那锅鱼汤真鲜！我们那次只采集到了几种鱼类化石以及哺乳动物河狸的牙齿化石。不过，那是我最初采集脊椎动物化石，也算是我作为古脊椎动物学家的职业起点吧。

进所以后，我跟李公的办公室斜对门，每天抬头不见低头见，多有向他求教之处。李公为人谦和，没有架子；按理他是我的师长辈，然而我跟他没大没小、无谓尊长，他也跟我称兄道弟、老少爷们，无话不谈。正如邓涛在书中指出的，李公后来研究了下草湾的长臂猿化石，由于化石地点距离生产“双沟大曲”的双沟镇很近，他将其命名为“双沟醉猿”。我记得他的这种机智与幽默当年颇为研究室里的同事们所称道——翟人杰先生就曾在我面前啧啧称赞过李公，并让我好好向他学习。

当然，本书还有许多丰富的内容，包括了邓涛过去十年来周游亚洲、欧洲以及美洲许多国家，访问博物馆以及野外考察的记录。

有些地方我去过，有些地方我还没有去过，但是读来都感到十分有趣并受益。这就是他读万卷书之外行万里路的好处，他写下来了，也不啻是一种善举：使没有他这么多机会周游世界的读者们，也能从邓涛栩栩如生的文字中，增长见识、丰富情致、获得乐趣。像他过去的几本书一样，这本《十年山野路漫漫》也是集考察纪行、游记、散文与科普于一体，可供广大读者各取所需。

读罢本书，我还有另一个深刻感悟。老一辈学者多有写日记的好习惯，因而也都留下了珍贵的史料。比如，胡适先生毕生都鼓励大家写传记的，并以身作则地写了《丁文江的传记》以及由唐德刚先生执笔的《胡适口述自传》和《胡适杂忆》。不久前看到考古界前辈夏鼐先生洋洋数卷的日记出版发行，更感受到这项工作的重要性和必要性。然而，在我成长的年代，由于目睹了太多的人因为写下的文字（包括私密的个人日记和笔记）而招惹了很多麻烦，甚至于付出了惨重的人生代价，所以我从来不写日记，生怕一不小心留下文字证据（paper trail），祸从“笔”出而引火烧身。结果，尽管我年轻时自觉有过目不忘的本事，现在发现对于多年前发生事情的一些细节，单凭记忆还是靠不住的。因此，看到邓涛在繁忙的科研与行政工作中，坚持不懈地写下了这么多文字，真的令我十分钦佩。俗话说，“好记性不如烂笔头”，况且邓涛还有个令人艳羡的好笔头，他的一系列随笔文集（包括本书）的出版，便是明证——我毫不保留地将它们推荐给所有的读者朋友。

我跟邓涛隔着一片大洋，相处时间并不多。我们之间虽算不上深交，却也“文字缘同骨肉深”。最后，我不揣露丑，借用他本书前言结尾所引的《一剪梅 · 藏北科考十周年》韵，戏做“打油一剪梅”来结束这篇短文：“十年山野路漫漫，登过山巅，宿过营边。笔耕不辍未曾闲，风情画面，字里行间。吾所文脉长连绵，代有王建，不乏张先。能文能理能宣传，要得骨片，吟得诗篇。”

II.

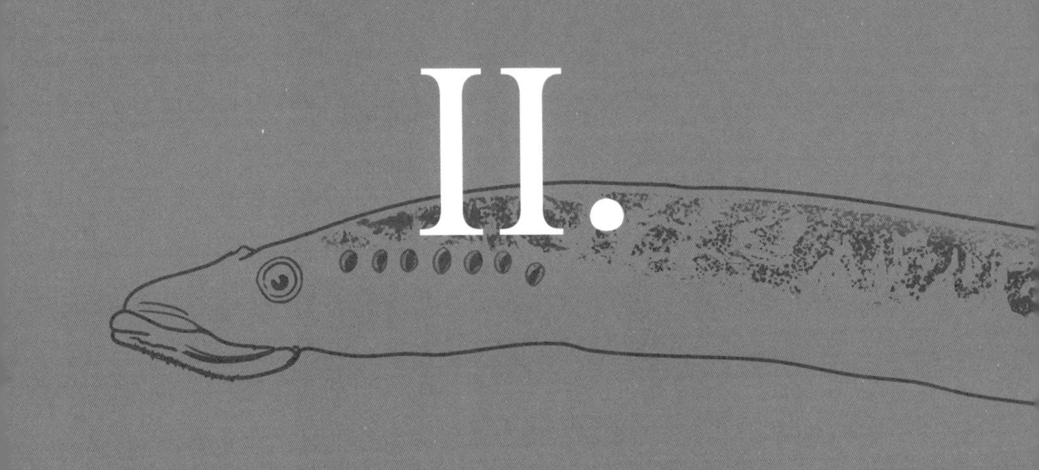

科学与人文并重

◇2021年10月5日

◇2020年12月24日

◇2019年12月27日

◇2019年7月20日

◇2019年5月31日

◇2019年1月25日

◇2018年12月21日

◇2018年11月5日

◇2017年12月26日

◇2015年6月1日

◇2014年3月19日

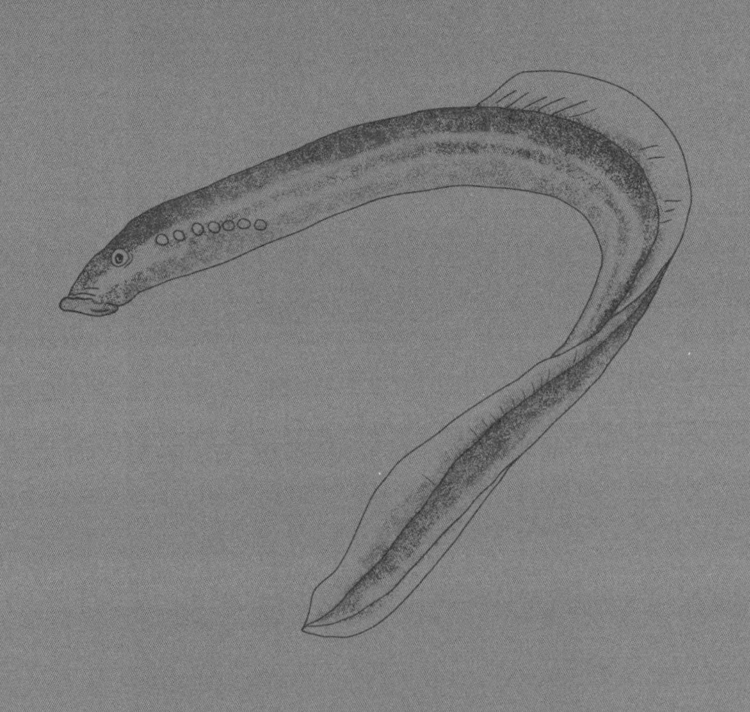

2017年
12月26日

原载于《人民日报》“名师谈艺”专栏。

科学与艺术拥有共同创意源泉

我们一直讨论人性的永恒冲突，一方面是利己与有利于后代的行为，另一方面是利他与有利于群体的行为。作为进化动力的这种冲突，似乎从未达到过平衡。人文科学不啻是我们认识与应对这类冲突的门径。正是这一冲突塑造了我们智人这一物种，也成为我们创造力的源头活水。可以说，科学与艺术拥有共同的创意源泉。

近60年前，英国物理学家暨小说家C. P. 斯诺在剑桥大学做了以“两种文化与科学革命”为题的著名演讲。他指出：在西方学术界，由于科学与文艺两个领域之间巨大鸿沟已难以逾越，科学与文艺应被视为两种不同文化。此后，“两种文化”这一概念便在西方学术界流传开来。斯诺也曾分别以物理学家卢瑟福与诗人艾略特为科学与文艺两个领域的代表，指出他们由于对各自领域过分自豪而忽视了对方。

大西洋对岸的物理学家 R. P. 费曼也曾面对类似指责。他的一位艺术家朋友曾开玩笑说，像您这样的大科学家，整日沉湎于微观量子世界，恐怕连一朵花都不懂得如何欣赏。才华横溢的费曼反唇相讥说，艺术家虽能欣赏美，但未必能像科学家体味得那样细腻和深刻。“一花一世界”，唯有对其理解得深入，方能欣赏它超越外表的壮美。

作为古生物学家，我对费曼机敏犀利而不失风度的回答十分赞赏，由此联想到：4 亿多年前的陆地上一片荒芜，尚无任何陆生植物。原始植物“登陆”后，经过近 3 亿年的缓慢演化，地球上才绽放出第一朵花。而中国“热河生物群”中发现的中华古果化石，则代表 1 亿多年前世界上最早的开花植物。尽管它麦穗般的花朵貌似平淡无奇，然而正是由于它的出现才演化出如今地球上百花齐放、争奇斗艳的美景，这是多么壮丽神奇！试问：我们通过生物演化的透视镜所欣赏到的生命之美，又有哪一点逊色于艺术之美呢？

其实，科学家们对美的追求与欣赏，与艺术家们不分伯仲。

值得指出的是，一方面早期中国现代科学家中就曾涌现出一批艺兼文理的大家，比如丁文江、李四光、竺可桢、华罗庚等。他们中的许多人，从小深受中国古典文学艺术浸淫，既能做领先国际水平的科研工作，又能写辞章优美、立意深远的锦绣文章。譬如，竺可桢先生物候学著作所展露的深厚诗学修养，就一直为人称道。另一方面，中国古代文人墨客大多具有朴素唯物主义思想，其作品常常表现出科学的自然观。譬如，中唐诗人韦应物有一首咏琥珀的五言诗：“曾为老茯神，本是寒松液。蚊蚋落其中，千年犹可觌。”诗中对琥珀成因有如此形象的描述以及合乎科学的论断，实在令今天的古生物学家们惊叹不已。

中国改革开放伊始，更催生了“科学的春天”。当年一部优美的报告文学《哥德巴赫猜想》，曾把许多像笔者这样的文学青少年吸引到科学领域。如今，这批人当中已有新一代文理兼通的科学家，其中有几位是我所熟知的，如北京大学的进化生物学家饶毅、芝加哥大学的遗传学家龙漫远、中国科学院古脊椎动物与古人类研究所的古生物学家邓涛、王原等。

放眼未来，窃以为，进化生物学或将成为衔接科学与文艺之间的桥梁。昆虫学家及社会生物学家威尔逊（E. O. Wilson），曾经和美国桂冠诗人哈斯（R. Hass）有过一次对话。在这次对话中，我欣喜地看到他作如是说：生物学是与人文学科相关联并与其共同进步的。生物学当下所做的，似乎揭示了人性暧昧的根源。然而，倘若一味走向个体主义，社会就会分崩离析；但如果过分强调服从群体，人群便无异于蚁群了。故此，人类总是处在极富创意的冲突之中，在罪孽与美德、背叛与忠诚、爱与恨之间左右摇摆。

我记得赫胥黎说过，科学与文艺并非两件不同的东西，而是同一件东西的两面。柯勒律治（S. T. Coleridge）说得更妙，与诗歌相对的不是散文而是科学。显然，科学与文艺的融合不仅可能，而且势在必行。我十分欣喜地看到，近年来李政道先生也一直在热心倡导科学与艺术的融合。在此我衷心期待中国科学家与文艺家们尽早开始这类对话。据我所知，汪品先院士、周忠和院士以及饶毅教授等已领先声，希望文艺界朋友们亦能踊跃响应，期待科学家们能背诵李杜和莎士比亚作品，文艺家们能了解一点量子力学的那一天。

原载于《中国科学报》“文化”栏目。

「两种文化」一甲子

整整一个甲子之前（1959年），物理学家出身的著名英国小说家斯诺勋爵在剑桥大学“瑞德讲坛”（The Rede Lecture）做了以“两种文化与科学革命”为题的著名演讲。他提出：在西方学术界，由于科学与人文两个领域之间的巨大鸿沟已难以逾越，科学与人文应视为两种完全不同的文化。此后，“两种文化”这一概念便广为流传。由这一演讲稿整理出版的《两种文化与科学革命》一书，曾荣登2008年《时代周刊》“二战以来100本最具影响力的思想巨著榜”。

其实，斯诺的这篇讲稿早在他“瑞德讲坛”演讲的三年前

（1956年）就已发表在《新政治家》（*New Statesman*）杂志上了，而他对“两种文化”的思考，则为时更久。显然，“两种文化”概念的迅速流传，无疑得益于“瑞德讲坛”的盛誉。按照斯诺本人的说法，他所受的训练是科学，而职业则是作家，因此得以游走于科学与人文两界之间；正是这种机缘巧合，使他频繁观察到“两种文化”间的鸿沟日益加深这一现象。

斯诺毕业于剑桥大学基督学院（著名校友包括达尔文、弥尔顿、奥本海默等），曾在物理学鼎盛时期师从剑桥大学物理学大师们。毕业后他弃理从文，成为政府官员以及发表了11本小说的著名作家，并因此而被王室封爵。此外，他还是《剑桥五重奏：机器能思考吗》中五位学术大咖之一，该书虚构了1949年发生在剑桥大学的一次晚宴，五位赴宴者代表了学术界的“一时之选”：小说家兼物理学家斯诺、数学家图灵（A.Turing）、语言哲学家维特根斯坦（L. Wittgenstein）、量子物理学家薛定谔（E. Schrodinger）以及遗传学家霍尔丹（J. B. S. Haldane）。在晚宴上他们围绕着“机器能思考吗”这个话题，展开了热烈的讨论。由此可见，由盛名之下的斯诺来论述科学与人文之间的关系，是再合适也不过的了。

在演讲开头，斯诺举了两个颇让人啼笑皆非的例子。其一是：剑桥校长为来访的美国政要举行的一次欢迎晚宴上，邀请了几位剑桥大牌教授作陪，席间贵宾试图跟他们交谈，结果发现根本无法与其沟通，弄得来宾十分尴尬。出于礼节，校长悄声安慰来宾说：噢，他们都是数学家，我们从来不搭理他们！另一个例子是，剑桥著名数学家哈代（G. H. Hardy）有一次曾向斯诺抱怨：按照目前“知识分子”一词的用法，我和卢瑟福（E. Rutherford）、狄拉克（P. Dirac）等一帮人，统统被排除在知识分子之外啦！［笔者注：的确，倘若按照罗素（B. Russell）的定义，“公知”之外的许多科学家似乎都不能称作知识分子。]

斯诺还分别以物理学大师卢瑟福与著名诗人艾略特（T. S. Eliot）为科学与人文两个领域的代表，阐述他们对各自领域过分自豪，而对另一方充满偏见乃至厌恶。比如，人文学者们常常认为，科学家牛哄哄的但却没文化，其人文常识异常贫乏；而在立场上有点儿“偏向”科学家的斯诺却认为：人文学者们对科学的无知，更令人咋舌。他不止一次地考问过人文领域的朋友们：何为热力学第二定律？他发现被问者往往一脸懵圈，不知所云。斯诺说，这种问题的科学难度，只相当于问他们是否读过莎士比亚？或者说是问他们是否识文断字？

斯诺还特别举出新近发生的一例：他在剑桥的一次晚宴上，兴奋地谈论刚刚荣获诺贝尔物理学奖的杨振宁与李政道，大赞他们的思维之美，谁知却如春风灌牛耳，席间的文艺界朋友们不仅对该理论一无所知，而且也丝毫不感兴趣。

至此，斯诺总结道，令人遗憾和可悲的是，西方大多数聪明的脑袋，对近代科学（尤其是物理学）的迅速进展所了解的程度，并不比他们的新石器时代的祖先高出多少。目前的两种文化，如同两个银河系般遥相分离；20 世纪的科学与艺术丝毫未曾融通。相反，科学与人文两个领域的年轻人比 30 年前的前辈们分道扬镳得更远。那时候，两种文化只是终止了对话，但两者之间至少还保持着起码的尊重；而时下的双方已毫无礼貌可言，代之以互做鬼脸。

斯诺的上述分析鞭辟入里、演讲幽默风趣，因而“两种文化”的概念迅速深入人心，甚至变成了人们津津乐道的口头禅。但是，斯诺演讲的后大半部分，随着时间的推移，往往被大家淡忘了。接下来，斯诺试图把两种文化分离的原因主要归结于日益专业化的科学进展，以及随之而来学校教育的专业分化，使“文艺复兴”时期那种百科全书型的学者不复存在。他进而指出，传统知识分子（主要是人文学者）倾向于保守，往往是科学进展的“绊脚石”，工业革命时期是这样，科学革命阶段更是如此。作为受过严格科学训练的作家，斯诺在两种文化之间，明显地“偏向于”科学，他充分肯定了工业革命大大提高了人们的生活水平、延长了人们的寿命、缩小了贫富国家之间的差距；预言科学技术进展必定给人类带来更大、更广泛的福祉。

正是这后半部分的讨论，曾引起了很大的争议（主要来自部分人文学者的愤懑和指责）。对于这些批评，斯诺没有采取“兵来将挡水来土掩”式的即时逐条回复，而是利用次年（1960 年）在哈佛大学戈德金讲座（Godkin Lectures）的机会，在其一系列演讲中，以“科学与政府”为题，进一步厘清了自己为人忽略、误解或是诟病的一些要点。斯诺的戈德金系列讲座内容，于 1961 年以《科学与政府》的书名出版。两年之后（1963 年），斯诺又借《两种文化与科学革命》一书即将再版之际，在书中增加了与原著几乎同等篇幅的第二部分——“两种文化：再审视”（The two cultures: a second look），系统回复了他的批评者。

这些回复内容主要包括三方面。首先，超出“两种文化”的口号式名言表述之外，斯诺强调指出他对这一现象关注的初衷：科学技术在战后英国社会中将要产生的作用与影响。并由此进而推测：未来世界上的一些问题（比如贫困与世界和平等）的解决，或可借助科技进步的力量来实现。一方面，斯诺深信科学是人类解放与进步的源泉；另一方面，在 1945—1959 年的十多年间，战后历届英国政府对教育体系中科学教育的重要性，似乎逐渐丧失了信心，斯诺对此忧心忡忡。斯诺通过“两种文化”的讨论，批评英国执政者们试图让教育回归以人文为中心的传统“精英教育”模式。斯诺认为，“两种文化”之间的鸿沟，导致了英国执政者在制订英国未来发展与繁荣的规划时，忽略了科学技术的核心作用，因为这些执政者们大多接受的是人文领域的教育，而对科学极度无知甚至于十分抵触。

其次，斯诺以二战之末美国政府决定在日本投放两颗原子弹为例，指出其决策者对原子弹的后续危害性知之甚少，只知道原子弹是一种超级炸弹而已。同样，英国政府中制订国民健康政策的一帮人，对医学生物学以及人体健康科学也不甚了了。因此，斯诺指出，诸如此类的科技含量很高的重大国策，却由少数几个“科盲”“秘密”做出决定，这无疑是“两种文化”割裂所带来的最危险结果。

最后，斯诺强调指出，公众事物领域的重大决策，必须由对其科技含量有足够了解并具正确判断力的领袖人物来定夺。若想达到这一目标，无疑必须从教育入手。在学校教育中，每个人都要得到科学与人文的双重教育，而不能重此轻彼或顾此失彼。

综上所述，我发现，半个多世纪以来，人们在讨论“两种文化”时，往往忽略了斯诺的初衷，更多的是像威尔逊那样，将其导向哲学层面，而偏离了斯诺原本的施政意图。比如，威尔逊在其新著《创造的本源》中，把科学与人文的融合，主要聚焦在哲学层面，他指出：“科学家和人文学者之间的合作，可以造就出全新的哲学，引领人类向前去不断发现。这种哲学，融合了两大学术派别中最优秀、最实用的内容。这些人士的努力，将酝酿出第三次启蒙运动。”因此，我试图通过本文，提请读者注意斯诺当年的真实用意（值得一提的是，这也解释了为何斯诺的原著最初选择发表在著名政论刊物《新政治家》上）。同时，正是在这种意义上，窃以为：时隔60年，斯诺当年的论述，依然具有重大的现实意义。

60年前，斯诺批评的高科技含量的重大国策，仍由少数“科盲”组成的决策层独断专行的现象，即便在英美这样的“民主”发达国家，于今依然几乎没有丝毫改变。比如，美国前总统特朗普不止一次地公开否认全球气候变暖的科学事实，并于2017年6月1日单方面宣布美国退出“巴黎气候协定”，全然不顾美国及他国众多环境科学家的强烈反对。在科技含量如此之高的能源政策上，科学家们都没有左右的能力，遑论在其他国策的制订与推行过程中接受科学家的指导与监督。

为什么60年来“两种文化”的割裂没有明显的愈合迹象？以我所了解的美国国情来看，原因是多方面的。首先，在美国联邦政体“三权分立”的框架下，立法部门（国会的参众两院）以及执法部门（最高法院）成员，几乎是清一色的人文背景；即便是政府部门，科技官僚也寥寥无几（即令个别部门有些科学家出身的官员，也常常受制于人，并非一言九鼎）。社会上，“科盲”对于谋取政界、商界与文学艺术界的成功，似乎一点儿障碍也没有。在这样的大背景下，重文轻理的现象，自然不难理解。换句话说，中国传统的“劳心者治人，劳力者治于人”观念，换作“人文者治人，科技者治于人”，在现代社会，一般说来，似乎也并非说不过去。

尽管如此，斯诺坚持认为，正如工业化是拯救贫困的唯一希望，人类未来的福祉则取决于科技的进步与发展。因此，以至于有人指责他是“科学乌托邦派”。尽管斯诺对“两种文化”的偏颇似乎各打五十大板，但说到底，他的屁股还是坐在科学这一边的。他认为，教育体系中的科学训练一定要加强；人文知识和艺术修养可以在以后的职业生涯中不断学习和加强，而科学训练则需要长期、系统与正规地进行。毕竟科学家后来成为人文学者或文艺家的不乏其人，斯诺本人就是一例；反之，则几乎闻所未闻。

不知何故，走笔至此，我突然想起了斯诺勋爵的学长达尔文；跟斯诺一样，达尔文的身上也只有一种文化，即科学与人文的完美融通。《物种起源》最后一段完全是诗的语言，可又是振聋发聩的科学论断。《物种起源》与《两种文化》的问世，相隔整整一个世纪，均出自剑桥大学基督学院的校友之手。前者已经启迪世界160年，后者也已经启迪世界60年，它们还继续启迪我们，直至无法预见的未来。我们不得不惊叹：达尔文与斯诺眼中的世界，何等纷繁矛盾，又何等壮丽恢弘……

2019年
12月27日

以“伪命题还是真挑战”为题，**原载于**《中国科学报》“文化”栏目。

「两种文化」再讨论

科学文化周刊组织的这次讨论，邀请了科学史家、科学家、艺术家、人文学者、科学管理者等的参与，具有较为广泛的视角和南辕北辙的观点。比如，有人认为，“脚踩两条船”的斯诺，最有资格讨论这一问题，有人则认为他最没有资格。窃以为，讨论任何问题，都是见仁见智的事体，其实无所谓有无资格的考量。尽管大多数人认为这一讨论是有益的，有人则赞同“两种文化”是伪命题的说法。倘若它真是一个伪命题，断无进入学术界乃至于公众语汇的可能，更不会每隔一段时间就被大家拿出来热烈讨论一番。事实上，“两种文化”之间的鸿沟，60年来依然在不断加深；在中国，文理科分家已提早到了初等教育阶段，这不能不引起社会有智之士的关注和忧虑。尽管科学与人文拥有共同的创意源泉并服务共同的认知目标，但两者间的相互尊重及有效沟通，仍需努力加强。正视这一问题，不能止于间歇性的讨论；而解决这一问题，也不能止于嘴上说说而已。科技进展（如基因编辑、人工智能等）带来的社会伦理与个体权益和隐私遭受侵蚀等问题，若缺乏基本的人文关怀，显然是无解的。种种迹象表明，“两种文化”的融合，非但不是一个伪命题，而是21世纪科技发展给人们带来的不容回避的真正挑战！

2019年
1月25日

原载于《中国科学报》“书评”栏目。

行之惟艰——科学与人文的融合

——评《创造的本源》

在人才辈出、群星灿烂的生命科学家中，爱德华·威尔逊（E. O. Wilson）无疑是当今最负盛名的一位，他在哈佛大学任教40余年，摘取了科学界几乎所有的桂冠，他的科普著作曾两度荣获普利策奖。甚至有人称他为“当代的达尔文”——这般美誉似乎也未曾引起异议。然而，我最初接触威尔逊的著作时，他却是极具争议的人物。

时光拉回到20世纪80年代初，那时我在中国科学院古脊椎动物与古人类研究所读研，同时担任周明镇与吴汝康先生的助教。有一次陪吴先生去研究生院讲课，我坐在教室最后面。其间我注意到，选择坐在课桌最后一排的新科研究生林克邦同学，自始至终在课桌下面“偷偷地”阅读一本大书。课间休息时，我好奇地走近他，轻声地问他看的什么书，他红着脸让我看了书的封面——*Social Biology: The New Synthesis*（《社会生物学：新综合理论》），作者是E. O. Wilson，并充满内疚地对我说：“很抱歉，这书是从别人手里借来的，急着得还，但又不好意思旷吴先生的课……”我拍拍他的肩膀，低声说：“没关系，我没看见。”他如释重负，下节课他继续读那本书，我也记下了那本书的名字。

其后不久，我来美国留学。在加州大学伯克利分校，听到一些激进的美国同学在谈论威尔逊，更引起了我对他的兴趣。而他们“妄议”威尔逊的话题，正是他的《社会生物学：新综合理论》。威尔逊在书中表达了以下观点：人类许多社会行为（包括侵略性、自私性，乃至于性爱、道德伦理和宗教等方面），都是源于对物种的生存有益，因此通过自然选择筛选、保留而演化出来的，这跟其他生物没有本质上的差异。顿时，威尔逊的观点遭到了许多知名学者（尤其是社会学家和人类学家）的强烈反对。而且这类批评迅速升温，很快就超出了学术范畴而发展成了人身攻击，甚至有人称他为社会达尔文主义者、种族主义者。

威尔逊1929年生于美国亚拉巴马州，从小就酷爱博物学，立志长大后做一名鸟类学家。不幸童年在一次钓鱼事故中右眼受伤致残，后来耳朵又曾一度失聪，这些都将严重影响野外观鸟。鸟类学家做不成了，遂改学昆虫学。他在哈佛大学完成博士学位后，旋即留校任助理教授。他的博士论文是研究蚁类的社会行为，不久他便成为全世界这一研究领域的顶尖学者。

部分地由于他与人文学者之间的论战，威尔逊晚年越来越多地关注宗教与哲学，尤其是它们与科学之间的关系，同时极力倡导与推进科学与人文“两种文化”的融合。为此，他写了好几本书，《创造的本源》是其中最新的一本。该书分为五个部分共20个章节。

第一部分5章的标题分别为“创造力的疆域”“人文的诞生”“语言”“创新”和“意料之外的审美”（原文为aesthetic surprise，或可译作“美学的惊喜”）。作者首先指出，“人文诞生于符号化语言。而人类仅凭借符号化语言这一种能力，就将人类自身和其他物种鲜明地区分开来。语言与大脑结构共同进化，将人类思想从动物大脑中解放出来，拥有了创造力，并由此进入不受时空限制的想象世界之中。”他还指出，“创造力是人类物种独特而具有决定性的特征。人类的终极目标——自我理解，与创造力密不可分：我们是谁？我们从何而来？如果说我们受命运牵引，那么什么样的命运将决定我们未来的历史性发展轨迹？”诚然，人文与科学是我们学习和研究的两大疆域（“虚与实”），但二者都是以创造力及创新为根基的。前者探索“人类思想中每一件可能构想出来的事物”；而后者则研究“宇宙中每一件可能存在的事物”。这些看似老生常谈的东西，在威尔逊的生花妙笔之下，依然很值得一读。

接着作者探讨了人文与语言起源和演化的重要节点，从食植物到食肉的适应性转化、狩猎、火的使用与制造工具，及至围篝火烤肉及夜话时的“扯闲篇”（gossip）和“讲故事”（storytelling）……正是人际间的沟通促进了思维、想象和语言的发展，“在创造力的巅峰，所有的人类都在叙述、歌唱、讲故事。”在这一长期演化过程中，通过风格和比喻的创新，通过审美的惊喜，通过它们为我们带来的持久的愉悦，产生了创意文学以及艺术。写到兴奋处，作者还引用了纳博科夫（V. Nabokov）的文字，引导读者感受文学的伟大之处：

洛丽塔，我的生命之光，欲望之火。我的罪恶，我的灵魂。洛–丽–塔：舌尖就这样由上颚向下移动三次，第三次贴于牙根。洛……丽……塔……

类似于以前把生物演化推广至社会演化，威尔逊在本书中又把艺术的进化与有机进化类比，他认为两者在运作方式上是平行的。他写道，“创新驱动力，可以很恰当地以遗传进化来打比方。文化进化让我们人类物种能适应那不可避免、持续不断的环境条件变化。文化创新，就相当于基因突变。这些生物学意外事件，在人类历史上时有发生，其发生方式和程度，与其他物种没什么不同。”诚然，数百万年的演化，使我们的脑容量从400毫升左右增长到今天约1 300毫升的水平，我们的祖先发展出足够强大的脑力，就是为了与其他思想相交汇、碰撞，也是为了构思无限的时间、距离以及未来之可能。正是这种想象力的无限延伸，使人类变得伟大。钳制思想、扼杀想象力必然导致演化上的返祖现象。没有“独立之思想，自由之精神”，科学与人文的创新皆为海市蜃楼。

本书第二部分两章的标题分别为“人文的局限性”与“荒芜时代”。作者将人文的局限性归结于极端的人类中心主义，批评人文领域的领导者一直固执地痴迷于狭窄的视听媒介之中，对我们周遭瞬息万变的世界熟视无睹，脱离了根系。另一方面，作者指出了社会上普遍存在的重理轻文现象，抨击其结果导致人文“成为了科学身边那个弱不禁风的小女子。”作为古生物学家来说，最令我兴奋不已的是，威尔逊在书中不止一次地强调，“五大学科”（古生物学、人类学、心理学、演化生物学和神经生物学）的大融合，“是科学蓬勃发展的基石，是人文忠贞不二的盟友。”

在威尔逊看来，目前人们对科学技术如此盲目崇拜，相形之下，真可谓是人文科学的“荒芜时代”了。作者强调指出，“人文学科将我们的价值观保存了起来，将我们化身为爱国者，而非仅仅是采取合作态度的公民。人文学科明确地告诉我们，为什么要遵守以道德规范为基础而建立起来的法律制度，而不要盲信专制统治的一家之言。人文学科提醒我们，在古代，科学本身曾是人文学科身边嗷嗷待哺的孩子。那时，科学被人们称作‘自然哲学’。”

在余下的三个部分里，作者从演化生物学家的视角审视了人文演化的规律、人性中生物演化的烙印、人与自然的关系等，进一步强调“五大学科”是科学与人文融合的桥梁。他进而指出，基因——文化共同进化的发生，是科学与人文达成统一的基础。最后，作者信心满满地认为，“科学家和人文学者之间的合作，可以造就出全新的哲学，引领人类向前去不断发现。这种哲学，融合了两大学术派别中最优秀、最实用的内容。这些人士的努力，将酝酿出第三次启蒙运动。”

总的说来，该书是年近九旬的作者有感而发、不吐不快，既没有《社会生物学：新综合理论》那样的惊世骇俗之论，也没有《岛屿生物地理学理论》中的创新思维；既构建不成什么完整的理论体系，也没有打破任何探索的坚冰，有些地方甚至有炒冷饭之嫌。尽管如此，我不得不承认，这是一本令人读罢口颊生香、回味无穷的书，作者是讲故事的高手，对文学、美术、音乐、电影如数家珍。诚然，科学与人文的融合，非知之艰，乃行之惟艰。尤其在当下，两个领域的研究者们都为学术产出（即论文数量）压得几乎喘不过来气，跨界“玩票”，谈何容易？不过，无论是具有人文情怀的科学家，还是渴望科学素养的人文学者，在“偷得半日闲”的旅途几小时中，带上威尔逊的这本书翻阅一下，也可收到“临阵磨刀，不快也光”的效果，更莫说享受阅读的至乐了。

2019年
7月20日

写于美国堪萨斯大学

原载于《书城》，2019年第11期。

蚂蚁搬山的乐趣

——《实验室女孩》序

《实验室女孩》这本书，曾是荣获2016年度多项图书奖的畅销书；一般而言，我对畅销书持有“敬而远之”的偏见。直到我在《卫报》的书评中读到把它与海伦·麦克唐纳的《海伦的苍鹰》（*H is for Hawk*）相提并论，才引起我的充分注意。诚然，在很大程度上，这是因为我读过且十分喜欢《海伦的苍鹰》，而且它的中译本译者刘健先生，还是我推荐给人民邮电出版社的。当我看到《实验室女孩》的作者是生物地质学家并且是成长于明尼苏达州的挪威裔美国人时，我转而对此书产生了浓厚的兴趣。个中原因至少有二：一是作者是我的大同行，且我的博士学位导师也是挪威裔明尼苏达人；

二是由于漫长而寒冷的冬天，明尼苏达人普遍爱读书，而且我所喜欢的好几位当代美国作家都来自明尼苏达州，比如弗朗西斯·菲茨杰拉德、辛克莱尔·刘易斯、盖瑞森·凯勒、比尔·霍尔姆等。美国文艺圈中流传着这样一句话：来自明尼苏达州的作家，无论其目前有名或无名，都不可小觑。《实验室女孩》的作者再次证实了这一点，她本人也毫不掩饰地在个人网页的域名上写着“霍普·洁伦确实能写（点）com”（hopejahrensurecanwrite.com）。

跟《海伦的苍鹰》一样，这本书也是少见的、别具一格的文学自传。尽管前一本书的作者是剑桥大学的历史学者，而本书作者则是自然科学家，但俩人的写作风格颇为相似。她们都把自传部分与其专业研究内容巧妙地糅合在一起，运用两条线交叉叙述，并使两部分内容达到了有效的平衡，收到了交相辉映的奇妙效果。

本书主要分三部分。第一部分“根与叶”从作者的童年回忆起，记述她自身如何在父亲的实验室里播下了热爱科学的种子。她父亲是当地社区学院的物理学与地学讲师，在那里执教了40余年，是当地唯一可以称作“科学家”的人。他晚上带着女儿在实验室里备课，使霍普小小年纪就不仅熟悉了各种实验设备和材料——像玩玩具那样开心，而且了解到实验室的各项规则、程序以及注重细节的重要性。另一方面，霍普的母亲有英美文学学位，打小就培养霍普广泛阅读英美文学，尤其是狄更斯、莎士比亚等人的经典著作。从某种意义上说，霍普十分幸运，她从父亲那里熟悉了烧瓶、显微镜等实验仪器，又从母亲那里继承了阅读与写作的灵气，C. P. 斯诺先生所说的“两种文化”，在她身上发生了罕见的融通。这一背景对本书的写作也至关重要，读者可以在阅读中发现，她对植物科学的内容有许多充满诗意的描述。以至于《纽约时报》书评引用了纳博科夫的名言来盛赞《实验室女孩》：“作家应该有诗人的精准和科学家的想象力”，霍普·洁伦则二者兼备。她堪比神经科学科普大师奥利佛·萨克斯以及古生物学科普名家古尔德。这一评价出自一向苛责的《纽约时报》书评，不能不说是对本书异乎寻常的赞美。

过去从我导师李力葛瑞文教授口中得知，明尼苏达州的挪威裔移民，大多是在大饥荒年代背井离乡，来到了气候条件与其祖国相近的明尼苏达州，他们吃苦耐劳的精神、经受磨难的韧性和积极上进的毅力，都是可歌可泣的。在我看来，这在霍普·洁伦身上，一如在我导师身上，得以完美体现。因此，这本书读来格外令我动容：

“年纪尚幼的我已经有了决断，我决定走上崎岖难行的独木桥——做一个别人眼中‘知道得太多’的人。”

霍普在明尼苏达大学求学时在医院药房打工的经历，读来十分励志。大学毕业后，她到加州大学伯克利分校攻读博士学位，倘若她早去几年的话，或许我们会在那里相识。作为一个冷门专业的博士，年仅26岁就拿到了佐治亚理工大学的助理教授位置，她在同辈人中应算是相当成功的了。谈及她的择业动机，除了父亲对她的影响外，她在书中坦言：

“植物会向光生长，人也一样。我选择科学是因为它供我以需，给了我一个家，说白了，就是一个心安的地方。”

霍普·洁伦在书中巧妙地运用植物生长的隐喻来记述她自身的成长，因此使两条线皆为丰满且并行不悖。她意识到，自己在学术生涯中，一如自然界的植物，无时无刻不在为生存而斗争：

“植物的敌人多得数不清。一片绿叶几乎会被地球上所有的生物当作食物。吃掉种子和幼苗就相当于吃掉了整棵树。植物逃不开一波接一波的攻击者，躲不开它们永不停歇的威胁。”

同样，对于一个初出茅庐的女性青年科学家，霍普·洁伦在美国学术界的打拼，也历经艰辛。所幸她在读博时就遇上了一位蓝颜知己——比尔，此人虽然性情有点儿怪异，却能“为朋友两肋插刀”，终生支持和帮助霍普。可以说，没有比尔的帮助，霍普的学术生涯会更加艰辛。

本书第二部分“枝与干”，便记述了在科研经费十分拮据的情况下，作者如何在比尔帮助下建立了自己的第一个实验室，如何做野外工作，并自驾一周去参加学术会议等有趣经历。作者对个中的艰辛，虽然看似轻描淡写，然而霍普与比尔的百折不挠精神却跃然纸上：

“我非常清楚，如果一件事不经历失败就能成功，那么老早就有人做了，我们也没必要费这力气。然而，到目前为止，我都找不到一份学术杂志，能让我说说科学研究背后的努力和艰辛。”

这本文学自传显然给她提供了宣泄这种情感的渠道。

在佐治亚理工大学的科研经费枯竭之后，她接受了约翰·霍普金斯大学的职位，并也在那里为比尔谋得了职位——继续做她的实验室主管，她也着实离不开比尔的鼎力相助。这就进入了本书第三部分“花与实”：她结了婚并怀孕生子——就个人生活而言，这确实算是开花结果了。但她的丈夫并不是比尔！比尔始终是她兄弟般的好友。怀孕期间，她被迫停止服用控制狂躁-抑郁症的药，因而旧病复发，十分难受。雪上加霜的是，她在此间还遭遇了来自系领导的性别歧视；后来她愤然决意离开，跟丈夫一起去了夏威夷大学——也是撰写本书的地方。此时人到中年，她的事业也已取得了巨大成功。回首走过的路，她在书中不无感慨地写道：

“时光也改变了我，改变了我对我的树的看法……科学告诉我，世间万物都比我们最初设想的复杂，从发现中获得快乐的能力构成了美丽生活的配方。这也让我确信，如果想让曾经有过却不复存在的一切不至于遗忘，那么把它们仔细记录下来就是唯一有效的抵御手段。

“身为一名科学家，我确实只是一只小小的蚂蚁——力微任重，籍籍无名，但是我比我的外表更加强大，我还是一个庞然大物的一部分。我正和这巨物里的其他人一起，修建着让子子孙孙为之敬畏的工程，而在修建它的日日夜夜，我们都要求助于先人前辈留下的拙朴说明。我是科学共同体的一部分，是其中微小鲜活的一部分。我在数不清的夜里独坐到天明，燃烧我思想的蜡烛，强忍心痛，洞见未知的幽冥。如同经年追寻后终悉秘辛的人一样，我渴望把它说与你听。”

大概这就是作者写这本书的初衷吧？作为她的同行，我对书中下面这段话尤其感同身受：

“科学研究是一份工作，既没那么好，也没那么差。所以，我们会坚持做下去，迎来一次次日月交替、斗转星移。我能感受到灿烂阳光给予绿色大地的热度，但在内心中，我知道自己不是一棵植物。我更像一只蚂蚁，在天性的驱使下寻找凋落的松针，扛起来穿过整片森林，一趟趟地搬运，把松针一根根地送到巨大的松针堆上。这松针堆是如此之大，以至于我只能想象它的冰山一角。”

是啊，在浩瀚的未知世界面前，我们都是一个个小小的蚂蚁，努力往前人堆筑的蚁丘上，添加一星半点儿。也正像牛顿所说的那样：未知世界依然犹如一望无际的海洋，令我们常怀卑微谦恭之心。

最后，我要郑重向大家推荐本书的译者蒋青博士，她不仅是我的同行，而且是我相识多年的忘年小友。作为本书作者的古植物学同行，她比其他人具备更好的专业背景来应对翻译中涉及科学内容的挑战；同为女性青年科学家，她与作者之间有着极大的相互理解与共情。更难能可贵的是，蒋青也是一位文艺青年，其译笔优美流畅，堪与原著媲美。平心而论，我极少遇到过在阅读中译本时，竟有着与阅读原著时相同的愉悦。读者朋友们，你们是幸运的！希望你们的阅读体验将证实我的倾情推荐所言不虚。

2018年
11月5日

原载于《三联生活周刊》，2018年第44期。

如何开启科学思维

不去扼杀就是一种启发

1978年，徐迟的报告文学《哥德巴赫猜想》发表，很多年轻人受到影响，纷纷要学科学，我就是这批年轻人之一。我学的演化生物学古生物专业介于文科和理科之间，需要有想象力去用语言描述远古生物。鲁迅说“兵家儿早识刀枪”，我父亲对古典文学很感兴趣，在他的潜移默化下，我小时候背诵了很多古典文学作品。可以说，小时候的大量阅读为我学好这门学科打下了很好的基础。

儿童的模仿能力很强，家长做什么，儿童就会跟着做什么。如果父母爱读书，即使不要求孩子看，孩子也会受到影响抓本书来看，因为他有探求的好奇。很多家长自己不爱读书，而是打游戏、玩手机、看电视，那么孩子也会这么做。读书是启发孩子好奇心的关键，父母潜移默化的影响很重要。

如果做不到这一点怎么办？至少有一点可以做：让孩子比较容易得到看书的机会。即使父母不读书，也可以有意识地给孩子买各种各样的书，让他有好奇心时，抓起一本书就可以看了。

人们常常会问：如何激发孩子的好奇心？事实上，儿童生来就有好奇心，对周围的事物观察相当敏锐，因此会问无数个为什么。我在堪萨斯大学自然历史博物馆工作，这里经常会有中小学生来参观，我发现很多孩子会对古生物恐龙感兴趣，他们的兴趣很可能是在看关于恐龙的童书或者电影《侏罗纪公园》中慢慢产生的。跟这些孩子互动时，我发现有的孩子在一些细微方面的观察甚至比我更敏锐。

比起激发孩子的好奇心，我们更应该做的是因势利导，让孩子的好奇心持续下去。“哥德巴赫猜想”被提出来之后，成为几百年都没有解决的问题，但提出这一点是很了不起的。在科学研究中，发现问题比解决问题更重要。现实生活中，我们的一些表达习惯常常在不自觉中一下子扼杀了孩子的好奇心。比如，孩子在没有一般的基础知识时，可能提不出来很复杂的问题，但他会对世界产生好奇，提出一些大人看起来很可笑的问题。事实上仔细想一想并非那么可笑，只不过大人自以为是，认为司空见惯不需要解释，实际上很多问题也许并没有解决。也许大人根本就不愿意承认不懂，潜意识里不愿意破坏自己的权威。

对于孩子提出的“为什么”，如果我们也不是很明白，该怎么回答呢？很多家长会告诉孩子，这个问题已经有了定论，你不需要去怀疑。比如回答说“这个东西就是这样的嘛，大家都这么认为，你也知道就好了”，或者回答说“瞎问这些事情干什么”。如果这样回答，孩子对这个问题的好奇心小火苗就一下子被浇灭了。正确的做法是，我们可以去找找相关的书籍，引导孩子发现答案。或者鼓励他自己以后去探索，告诉他“这是个好问题”，“这是个有趣的问题，但是我不太了解，你可以想办法去找出答案”，这样，即使无法一下子得到答案，这个疑惑也会一直存在于孩子的脑海中，有机会他就会思考和探求。

科学思维启蒙的关键是“质疑”

当孩子有了一定的基础知识，不再是一张白纸的时候，就会产生质疑。

什么是科学思维？我认为，关键就是“质疑”，不是遇到什么就只会说“对对对”，不是看到书上写什么，老师讲什么，就都去相信。要对这种质疑进行解答，需要观察和推理。

达尔文的观察能力就是在父亲的培养下建立起来的。达尔文的父亲是一名医生，身高一米九几，体重300多磅，有时去病人家里看病，病人在楼上，而楼梯的板子不太结实，他会让达尔文上去帮他观察病情，达尔文的观察能力也在这样的过程中得到了锻炼。达尔文的很多博物学知识，都是自己推理琢磨出来的。他发现很多自然现象跟学到的知识不相符。大家说每一个物种都是上帝创造的，可是上帝为什么会创造一些很可笑的东西？比如在南美洲根本没有水的地方，有的鹅却是脚上长蹼的，怎么可能呢？很多人早就习惯相信上帝创造万物，达尔文却对此产生了质疑，于是才有了革命性的《物种起源》。在当时，这一发现相当于把大家都认为是黑的东西说成是白的，而且要用证据来说服大家。

就推理的思维过程而言，陈述的事实只是一部分，更重要的是一步一步发展的过程：在一个阶段科学家发现了一些问题，好像解决了。但是后面又来了一拨人，根本不满足已经得出的结论，继续往下追。在拙作《给孩子的生命简史》中，我有意识地着重介绍了科学发现和发展的过程，希望让孩子们从小就懂得一个道理：科学不是死的东西，而是不断有新的进展。发现了什么，不是说今天正确就永远正确了，可能还有很多现在没有想到的东西，有待将来去发现。新一代科学家会对旧的东西提出新的挑战，发现新的问题，并试图去解决新的问题。

东西方的家长对子女教育有很大的不同。我们的功利心太强，要让孩子学“有用”的东西，什么东西有用，就拼命地去学。读什么书，学什么专业，做什么事情能赚钱，就去做什么。相对来说，西方家长比较重视孩子的兴趣和天赋，孩子喜欢什么，就尽量鼓励他们去发展。

王尔德在《道连·葛雷的画像》的序言中有一段话很有意思：“一个人做了有用的东西可以原谅，只要他不自鸣得意。一个人做了无用的东西，只要他视若珍宝，也可宽宥。一切艺术都是毫无用处的。”同样的道理，看书最好不要有功利的思想。尤其是对孩子来说，一些表面看似无用的书很可能会启发他们多维度的思考。我们能做的，是在孩子对一些东西产生兴趣时，引导他继续探索和表达，而不是压制和泼冷水。

根据我的经验，过往在中国的研究院上课，学生很少打断老师去提问。在美国的研究院，老师要想完整地把一堂课上下来却是很难的，因为学生会不断地提问。我曾经跟朋友讨论过一个问题：为什么我们很多中国人不擅长表达自己？我们从小在家里面，家长让你闭嘴，就不让你说话，到幼儿园到学校里面，老师让你闭嘴。当你刚参加工作的时候，你的老板让你闭嘴。你的锋芒都被慢慢磨光了。你根本没有说话的机会，怎么可能说得好呢？

为什么我们的创新基础很薄弱？问题就在这里。创新的关键，是思想的自由和独立的精神。很多时候，我们缺少“质疑”的科学探索精神，面对什么东西都说 yes，yes，yes，对对对。后来，也许想都不敢想了。如果不善于独立思考，科学怎么能发展？

“跨学科思维”在启蒙中为什么重要

胡适先生曾有一句名言：为学如筑金字塔，根基要宽顶要尖。在“质疑”这一点上，各门学科都是相通的。我为什么常说学科的融会贯通是重要的？孩子的知识根基要宽，就像金字塔，底子打得越好，拔尖才能拔得越高。比如，有些演奏家琴弹得再好，也不可能像贝多芬、拉赫马尼诺夫、伯恩斯坦那样成为作曲家，因为他的底子打得不好。

科学的每一个学科都制造了大量的知识，那么这些知识的触角如何触碰到孩子，激发他们的好奇心和兴趣呢？我认为孩子感兴趣的每个领域都不要太早往一个方向走得太窄，要让孩子打破框架，形成跨学科的思维。知识融会贯通，孩子的思维世界就会延伸得更大。

我曾经应诗人北岛的邀请，给他主编的“给孩子系列”写过一本书，就叫《给孩子的生命简史》。在那本书里，我告诉我的小读者们：“与数学、物理、化学等学科比起来，研究演化生物学更像是神探福尔摩斯在探案。我们知道，物理、化学中的很多学科是实验科学，这些学科是在给定的材料与条件下，通过实验，获得某种结果。而演化生物学中的许多学科是历史科学，其研究过程则与实验科学恰好相反：它是面对生物演化的结果，去探究造成这一结果的原因、中间经历的过程以及相伴的条件等等。”这两种思维看似不同，实际上都是逻辑推理，包括归纳法（induction）和演绎法（deduction），只不过方向不一样而已。

遗传学中有一个“哈代-温伯格定律”，其发现过程就很有意思。英国剑桥大学的一位生物学家普内特率先想出了这个问题，但他的数学不是特别好，不知道如何用数学公式表达。有一次，他跟一个数学系的同事、大数学家哈代打板球时聊到这件事，哈代说：这个不是很简单吗？随即就把公式写出来了！后来，有人发现一位名叫温伯格的德国医生早就独立地发现了这一公式，所以，现在这一定律（公式）以他们两人的名字命名。同一个学科的不同分支更是联系密切，杨振宁先生与李政道先生拿到诺贝尔奖，也得到了哥伦比亚大学实验物理学教授吴健雄很大的帮助。

旧有的说法中，人文学科强调形象思维，科学强调逻辑思维。其实科学也需要形象思维，人文学科也需要逻辑思维，本质上并没有泾渭分明的界限。所以，科学同样具有文艺的一面，即想象力与诗性，而文学艺术也需要逻辑与推理。上海作家小白的中篇小说《封锁》前一段时间获得鲁迅文学奖，他曾跟我聊到，这部作品中的很多细节是在档案馆查阅日伪档案的过程中靠逻辑一点一点还原的。本质上，这跟我搞古生物研究和科学研究是相似的。想象和实证也互相联系，如果没有想象，怎么会去设计实验证明你的设想呢？

2021年
10月5日

原载于《书城》，2021年第10期。

浪漫主义不是文学艺术的专利

——评《浪漫地理学：追寻崇高景观》

我读段义孚先生的文字已有30多年的历史了。最初是在与李铸晋先生闲谈时，得知段先生是著名地理学家、华裔留美学人中的翘楚。而李先生本人就是艺术史大家（研究赵孟頫的专家），记得他跟我说："我们在美国学术界'混饭吃'，捧的都是老祖宗的饭碗，比如邹谠研究中国政治、张光直研究殷墟、白先勇讲授中国文学、方闻和我都研究中国艺术史……唯独义孚，是跟人家美国人抢饭吃的，还能够那么出类拔萃，真的很了不起！他的《美国人的空间、中国人的居所》收入了《诺登文选》，那可相当于咱们的《昭明文选》呀！"

因此，《诺登文选》中段先生的这篇文章，便成了我阅读他文字的入门。多年来我一直跟踪着他的“致同事”（Dear Colleague）博文系列，其间也读过他的不少书，但却一直没有机会谋面向他请教。他自1998年退休以来，依然笔耕不辍，《浪漫地理学：追寻崇高景观》便是他退休后撰写与出版的第8本书。段先生学贯中西、腹笥丰盈，笔下恣肆汪洋、旁征博引，从老庄到莎翁随手拈来，嵌入文中宛若天成，真可谓妙笔生花。每次读他的文字，我就不禁想起赵瓯北的论诗绝句：“满眼生机转化钧，天工人巧日争新。”译林出版社推出的段先生这本新书，彰显了他如何把自己的奇思妙想化为浪漫壮美的文字，让读者领略到科学与艺术领域的双重美景。

段先生酷爱古典音乐，这本不足200页的小书，他按照一部西洋歌剧的结构来布局，由七个章节组成：序曲、第1章“两极化价值”、第2章“地球及其自然环境”、间奏：“健全却平凡”、第3章“城市”、第4章“人类”、终曲。事实上，若是把这本书一口气读下来的话，也如同看了一场起伏跌宕、波澜壮阔的大歌剧；这样别出心裁的安排，可谓匠心独具。显然，作者未把这本书视为专业著作，因此书末没有参考文献一节；然而，所有的引经据典，都以注释的形式悉数列出，可供读者做深入阅读时“按图索骥”之用。

西洋歌剧的序曲相当于中国戏曲的“开台锣鼓”，是用来引导观众“入戏”的“引子”。同样，段先生在该书序曲中，开宗明义地提出了两个问题：一是地理学是否可视为浪漫的学科，二是浪漫地理学是否有存在之必要。这两个问题不仅定下了该书的基调，而且作者旋即给出了肯定的答案；尽管他也坦承：“‘浪漫’与‘地理学’或许看似是一对矛盾的词，因为如今很少有人把地理学看作是浪漫的。”为此，他首先必须定义“浪漫”或“浪漫主义”。浪漫主义滥觞于18世纪末期的欧洲，成为当时一种时髦的文学艺术流派。浪漫主义是超越理性与日常生活的，抑或按照段先生的定义：浪漫主义是对生活常规的反抗，它“倾向于表达感受、想象、思考的极端性”。

鉴于此，作者在第 1 章里，首先建立起一个“两极化价值”的对比框架，并利用这个框架讨论了黑暗与光明、混沌与秩序、身体与头脑、物质与精神、自然与文化等论题。作者借此深入剖析和阐明了“浪漫主义”的精髓，并利用“这些二元概念组成了浪漫地理学的基础部分”。他进而展示了求索乃浪漫的核心所在，而大航海时代的“地理大发现”以及 19 世纪的博物学考察，堪称“集探险求索之大成”，曾涌现出许多不畏艰险去考察两极、海洋、热带雨林、荒漠以及攀登世界高峰的史诗般的英雄人物，而他们才是真正的浪漫主义者。作者之所以将注意力集中在二元概念上，是因为“它们既定义了人类常规生活运作中可接受的限度——地理学，又暗示了超越这些限度的可能性——浪漫地理学。”在这一章里，作者从神学、史学、哲学、文学、艺术史、天文学乃至于侦探小说里撷取例证，阐明了上述二元概念以及人们乐于挑战常规、超越极限、追求极致的浪漫主义情怀。

在第 2 章“地球及其自然环境”中，作者历数世界上那些吸引探险家们浪漫想象力和激励他们冒险精神的极端地理景观。他把这些崇高的地理景观分述于以下 6 节中：地球与太阳系、山、海、森林、沙漠、冰。作者在本章中再次用很多实例来论证二元概念：“浪漫的想象也很容易从一个极端跳到另一个极端。就像威廉·布莱克那句名言：‘一沙一世界，一花一天堂’。”在阐述地球上这些崇高的地理景观以及它们所激起人们的浪漫情怀与科学幻想时，作者再次展露了其学富五车、博大精深的学术功力——从西方正典到东方宗教，从莎翁、雨果、托马斯·曼到凡尔纳、康拉德，从叔本华到奥威尔，从《荷马史诗》到《启示录》，从经典名画到好莱坞电影……段先生如数家珍、娓娓道来。很多看似随手拈来的例子，每每运用得严丝合缝、十分贴切，不禁令人抚卷称绝，从而使阅读本身变成了读者遨游在书山学海中的一次浪漫“远足”。不过，在“冰”这一节里，作者没有提到在科学考察中丧生于格陵兰岛的魏格纳，对我来说，倒着实感到是个不小的意外——毕竟从魏格纳的“大陆漂移”假说发展到后来的板块构造理论，标志着发生于20世纪中叶的地学革命。

间奏：“健全却平凡”，是本书中间的一个小插曲，相当于歌剧中场的间奏曲。有意思的是，作者在这一简短章节里，举了两个针对“两极化价值”的反例：一个是伊甸园，另一个则来源于阿诺德·韦斯克的剧作《根》。作者指出：“伊甸园是健全生活的原型——可能不是很令人兴奋，却是人们所期许的。”记得当年一些满怀理想的革命者，胜利后所希冀的也只是“老婆孩子热炕头”而已。而《根》的女主角，寻根的探求正是为了“拓展自己的觉悟”，而不只是想“知道自己的家族传承”。因此，间奏一节是作者试图用“健全却平凡”这一变奏，来平衡全剧中的二元概念与“两极化价值”观。

作者在第3章“城市”中，把脱离了农业羁绊、“超越寻常、超越自然性和必需性”的城市，视为是浪漫的。城市生活打破了包括昼夜、四季与农耕时节在内的各种循环节律，电力和城市花园进一步“征服”了大自然，充分显示了人类的伟大创造性，因而无疑是浪漫的。作者指出，从大唐古都长安到现代的国际大都会纽约、伦敦、巴黎等，“城市被认为是人类之理想，是人类之卓越、道德和智慧可以完全实现的地方”。我想，没有什么比当今中国的“北漂”一群人以及到“上广深”等一线城市的“追梦者”，更能佐证作者的上述观点了。而城市与浪漫地理学的关系，则被终曲里的这句话一语道尽：“从混沌自然到闪光城市的转变可谓是一种地理罗曼史，它因想象力和道德理想主义而产生，因愚蠢和贪婪而衰落；无论如何，结局是幸运的，因为这片人造之城是最能实现人类潜力的地方。只有城市——而非乡村或自然环境——具有这种魔力。”

毋庸讳言，第 3 章也是笔者最偏爱的一章。窃以为，段先生作为文章圣手，在本章表现得淋漓尽致。尽管段先生大半生都蛰居在美国中西部北部的一座大学城，但由于他博览群书，从典籍中挖掘出的古长安与古罗马，以及华兹华斯和狄更斯笔下的伦敦、雨果笔下的巴黎、安东尼·伯吉斯笔下的纽约，乃至于柯南·道尔笔下的伦敦私人侦探等，把一个个国际大都市充满矛盾的历史全景，栩栩如生地再现出来，实在令人叹为观止。我想，只有段先生的如椽大笔，方能在处理海量信息时，如此驾轻就熟、游刃有余。

作者在第 4 章“人类”中，则举例叙述了“文明促生出三种出类拔萃之人：美学家、英雄和圣人”。诚然，段先生的英雄史观是显而易见的；他之所以单设一章畅谈这三种人，是因为“这些极具个人性的个体的故事，更多地受到内在情感与理想的推动，更倾向于脱离群体之常规，简言之，更加浪漫。”其实，作者本人何尝不是这类人呢？因此，他对笔下人物的惺惺相惜之情溢于言表。我最喜欢本章的最后一句话，我甚至认为，这简直是作者的夫子自道：“在一种向着‘极致经验’前行的不可替代的力量的驱动下，一个人会平静地漠视那些世俗之愉悦与社会之常规。这就是使圣人拥有浪漫气质的原因。”在此顺便说一句，当我初读这句话时，脑海中顿时浮现出我们的前辈乡贤陈独秀的音容笑貌。

终曲通常把歌剧推向高潮。而本书的终曲，既是高潮，也是对全书的总结，“求索”无论是在文学艺术中，还是在自然科学领域，都是“浪漫的核心要素”。正如英国诗人拜伦诗云：“幻想是诗歌的翅膀，假说是科学的天梯。”此外，作者还指出，求索包含“一抹神秘主义气息”。爱因斯坦也说过：“我们所能感受的美是神秘的。神秘性是一切真正的艺术与科学的来源。因此，未知与神秘是艺术与科学的衔接点。”我还记得费曼甚至说过，“微积分是上帝的语言”。毋庸置疑，维多利亚时代的地质学、达尔文的生物学、孟德尔的遗传学、爱因斯坦与费曼的物理学、霍金的宇宙学、丘成桐的几何学、段先生的地理学以及笔者所研究的古生物学等，都是十分浪漫的科学学科。因此，浪漫主义不能为文学艺术专美。

总而言之，《浪漫地理学》不仅是为科学浪漫主义正名，并论证了它的存在价值，而且为科学与艺术的融通立下了崇高的标杆。段先生的这本书，实际上是一封浪漫治学的情书，是写给所有浪漫主义学人的——五星推荐！

读书之乐

——寄语《广西少年报》的小读者们

我国南宋时有位著名的哲学家和教育思想家，名叫朱熹，他写过一组《四时读书乐》的诗，其中说到“人生唯有读书好”。古今中外劝人读书的励志诗文多得不得了，我最喜欢的还是朱子的这组诗，尤其是结尾一句：“读书之乐何处寻？数点梅花天地心。”

回首自己一生，读书、教书、著书，基本上从未离开过书。书对我来说，既是精神食粮，又是衣食父母。坦率地说，早年的读书多少是带有功利性的，父母希望我能读书成材。我想这也是普天下的父母之心，我把这一阶段称为“要我读书”的阶段。随着读的书增多，逐渐领略了读书的愉悦，便自然而然地过渡到了“我要读书”的阶段。记得我最要读书的岁月恰恰是无书可读的“文革”期间，那时但凡能找到的书，就如饥似渴地去读——我通读了《鲁迅全集》、精读了批林批孔运动中作为批判材料的儒家经典，连英语的《平壤时报》也看得津津有味。这也养成了我看杂书的习惯。胡适先生爱给人写“开卷有益”的条幅，对此我是深信不疑的。

我此生有幸行万里路读万卷书，倘若你们没有行万里路的机会，至少要争取读万卷书。英国小说家毛姆曾说过，养成阅读的习惯是为你自身建造一个人生中可能遭遇的各种苦难的避难所。

瞧，不知不觉地我已进入了“要别人读我的书”这一阶段了。不过，我最喜欢的一本童书是胡适先生的小学弟、E. B. 怀特写的《夏洛的网》。祝大家在四月读书月里多读书、读好书，并让一年四季都成为书香浓郁的、最美的“人间四月天”。

2018年
12月21日

原载于《北京青年报》"青阅读"栏目。

「半山绝句当早餐」

我自小就喜欢读书，经常到了"废寝忘食"的地步，以至于到了吃饭的辰光，母亲叫上好几遍，桌上的饭菜都凉了，我却还抱着书不放；由于父亲也常常如此，母亲便说："看你们爷俩，那书还能当饭吃？"父亲却不紧不慢地回道："'半山绝句当早餐'嘛"。母亲听了，真的有点儿生气了："那我今后就不烧早饭了，你们爷俩就去吃半山绝句吧！"母亲近乎"罢工"的威胁，并没能改变我们"书痴"父子的习惯，酷爱阅读伴随了我们一生，母亲最终不得不承认：读书毕竟是有百益而无一害的嗜好。

父亲是旧式文人，我小时候读的书，大多是家中他的古文、古诗词之类的藏书。当然，他还逼着我背诵了不少经史子集中的名篇。在众多诗词名家中，我十分喜欢南宋诗人杨万里，多半缘于他善用白话入诗，且擅长捕捉大自然中的美景，白描生动有趣、读来意味无穷，如："儿童急走追黄蝶，飞入菜花无处寻"；"小荷才露尖尖角，早有蜻蜓立上头"；"接天莲叶无穷碧，映日荷花别样红"；"万山不许一溪奔，拦得溪声日夜喧"；"莫言下岭便无难，赚得行人错喜欢。正入万山圈子里，一山放过一山拦"……这些诗句朗朗上口，小孩子读了容易懂、容易记。叶嘉莹先生不久前选编的《给孩子的古诗词》中，就选了很多首杨万里的诗，都是我从小就背诵过的。

原本梦想做诗人的我，却阴差阳错地从事了科学研究工作；母语熟稔的我，却以进大学之后才从 ABC 学起的英语，作为我大半生日常生活与工作的主要语言。尽管对个人来说，这不啻于一种人生宿命的捉弄。然而，发生在我身上这两方面的顺利转变，无疑都大大地得益于我童年大量阅读所打下的坚实基础。前者一如我在《科学与艺术拥有共同创意源泉》中所阐述的文理相通："科学家们对美的追求与欣赏，与艺术家们不分伯仲"；以及我在《给孩子的生命简史》"自序"中所指出的，"科学同样具有文艺的一面，即想象力与诗性，而文学艺术也需要逻辑与推理"。后者则是许多语言学家的共识：母语不好的人，外语也好不到哪里去。

儿时培养起的阅读爱好，不仅给予我科学研究生涯无数启迪，而且使我渐入老年之境后，日常生活与精神上依然有所寄托。尤其是几年前的一场脑梗中风，给我的行动留下了诸多不便。然而，阅读与写作保持了我健全的心智与昂扬向上的精神状态。我有幸加入了一个微信读书群，群友中汇聚了一些散居在世界各地的华裔科学家、工程师、大学教授、文学艺术家、媒体人以及出版界人士。我们都是从小便以阅读为至乐的"书虫"，天天在一起交流阅读体验以及对生活的感悟，相互推荐自己正在阅读的好书。几乎所有的人也都在积极创作，其中包括最新的鲁迅文学奖得主。我们的共同体会是：阅读也要从娃娃抓起，读书“童子功”是成就任何事业所不可或缺的一项基本功。

鲁迅先生曾说过，“兵家儿早识刀枪”。父母爱读书，对子女的影响是潜移默化的。我的大女儿是在中国出生的，四五岁时就伶牙俐齿，能背诵不少五言诗。刚满五岁来了美国，一句英语不会说就被“扔”进了美国小学的学前班，一开始语言不通，十分痛苦，妈妈也帮不上她多少忙。我自己当时读博，也忙得焦头烂额，根本顾不上她。好在每天回来，老师都会给她带回来一些“小人书”，她就躲在自己小房间里读书。我也尽量争取每天晚上在她睡觉前，给她读一本 bedtime story（睡前故事）。两三个月之后，她开始只用英语跟我们说话了，其中令我最难忘的一句话是：“my teacher told me that readers are leaders”（老师跟我说，阅读者是领导者）。我们起初还挺高兴，后来才发现她渐渐地就不会说中国话了——这不能不算是一件十分令人遗憾的事儿。

英语童书，很多都是用动物作角色的拟人化写法，又特别亲近大自然，因此很受孩子们喜爱，比如《夏洛的网》《伊索寓言》等。我不久前完成了《自然史（少儿彩绘版）》的书稿，在“前言”中我写道：《自然史》是博物学鼻祖、著名法国启蒙思想家、自然科学家布封的不朽名著，曾是法国每一个家庭必备的百科全书。它的语言文字极为优美，其中有些篇章（如《松鼠》等）还选入了中国的语文课本。因此，这是一部科学与文学融合在一起的范本。其实，这也是它近 300 年来一直长盛不衰的重要原因之一。布封在《自然史》开头，还特意写下这段意味深长的话：无论教育也好、父母逼迫也好，永远都无法让孩子产生大家所共有的兴趣，也无法让孩子具备相当的智慧与记忆力，以满足社会的需求。然而，孩子最初的智慧火花、兴趣萌芽以及后来的发展，是大自然赋予他们的天赋。

因此，哪怕让他们自小学一丁点儿自然史，也会提高他们的思维能力和科学兴趣，使他们掌握一般人司空见惯却又不甚了了的事物。

由此可见，儿童阅读对儿童科学思维的启蒙，也是至关重要的。正是基于这种认识，近几年来，我致力于青少年科普图书的创作，先后出版了《物种起源（少儿彩绘版）》《天演论（少儿彩绘版）》以及《给孩子的生命简史》，而新作《自然史（少儿彩绘版）》也即将问世。在有生之年，我希望能为祖国的少年儿童留下几本好书，以报答我的前辈们曾用他们的生花妙笔丰富了我儿时的精神世界、拓宽了我的眼界。

去年，我曾应接力出版社的邀请，给小读者们写下这么一段话："阅读如同呼吸。呼吸保持我们身体正常运转，阅读有助健全心智、丰富情感。开卷有益，祝愿你们天天读好书，年年有进步！"我借此结束这篇短文。

耳顺不泯少年心

拙作《物种起源（少儿彩绘版）》上市后，有位读者在吃了鸡蛋之后，好奇地想知道下蛋的母鸡是个什么模样儿，于是百度了一下我的名字，突然发现作者原来是位已近耳顺之年的“老先生”了，颇有点儿“不可思议”的感觉。其实，想一想的话，也不必如此惊诧，老先生也是黄口小儿长大的呀！如果说书中的语言仍旧比较贴近孩子的话，那恐怕只能说这位老先生是个永远也长不大的孩子——事实上，我的网友们还真的把我称作“老顽童”呢，至少在虚拟世界里表现如此。

文学是我的爱好

虽然科学是我的训练和职业，但文学一直是我的爱好。我父亲就是个不折不扣的“文青”，他爱好文艺，是京剧票友，业余还在剧团里拉胡琴。也许是受父亲的影响吧，我从小就梦想长大以后能当作家。现在研究古生物，纯粹是阴差阳错，是在缺乏个人选择的教育背景下的“拉郎配”；而我后来对古生物研究的兴趣，则类似于包办婚姻中的“先结婚后恋爱”，在耳鬓厮磨中慢慢地培养出了感情和亲情。记得我刚进中国科学院古脊椎动物与古人类研究所读研时，周明镇先生就跟我开玩笑说：“你来我们所是投错了胎！你该去社科院文学所的。”总之，文学是我的“初恋”，而没有得到的东西似乎总觉得是最好的。正因为如此，业余时间里我阅读了大量的中英文文学书，也曾在网上舞文弄墨过一阵子，娱人娱己，也赢得了不少粉丝。事实上，干这类“不务正业”的事，有时候比做研究还有激情呢（说是“偷情”的话，未免有卖萌之嫌），我曾自嘲为“闲情更比宦情热，正业不及副业忙”。

然而，我毕竟是受过严格科学训练的，真正想搞文学创作，几乎是不可能了。为什么这样说呢？因为科学研究与文学创作，尽管二者都需要有极好的想象力，但思维方式却大相径庭，前者需要严密的逻辑思维，后者则需要奔放的形象思维。我记得张爱玲写过一篇《诗与胡说》，其中谈道：有一次，她把周作人译的一首有名的日本诗歌拿给她姑姑看，诗云：“夏日之夜，有如苦竹，竹细节密，顷刻之间，随即天明”。她姑姑说：看不懂。想了一下，又说：既然这么出名，想必总有点儿名堂吧？不过也难说，人一出名到某一程度，就有权力胡说八道。这位老姑奶奶的话不无道理，试想一下今日之莫言，随便写下点什么东西，谁敢不发表？但像我这样的，既没有名气，也写不出上面这类诗，为了扬长避短，便尝试着写点科普作品吧。

我曾是童书的朗读者

接力出版社的编辑胡金环女士当初约请我写作《物种起源（少儿彩绘版）》，而我竟然大包大揽地答应下来，回想起来，她和我的胆子当时真的都够大的！因为在此之前我从来没写过儿童读物，这“投资”风险也未免忒大了点儿。她请我时，一定是提心吊胆的，而我答应时则是出于我一贯地无知无畏。我记得她问我，您有没有写过儿童文学或针对儿童的科普作品，我答道：没有，但是我的两个女儿小的时候，都是我读书给她们听的，因此我读过许许多多英语儿童文学书。后来我自己想想都觉得可笑，我还陪她们上过钢琴、小提琴课呢，难道可以证明我也会弹琴、拉琴或是能作曲吗？我不知道金环听了我的回答后，当时是如何想的。不过，我很快地写出了前面的达尔文生平那一小部分，没想到她看后大加赞赏。我顿时来了精神！我这个人写东西或开讲座有点儿像郎朗弹琴似的，是“人来疯”，台下的掌声越响，台上就越来劲儿。总之，还是半桶水晃荡的德性，跟卡拉扬那种闭目指挥的洒脱和淡定，根本没法比。

该书前一部分只有 12 页，约 4 800 字，由于对达尔文生平烂熟于心，我几乎是一挥而就。书的第三部分，有关《物种起源》发表后的影响、达尔文余生的生平、150 多年来演化生物学的主要进展等等，这一部分写得也比较顺手。中间的《物种起源》的正文部分，则是十分严峻的挑战：如何把成人常常都难以理解的经典写得让孩子们能看懂，而且有兴趣看下去，是个实实在在的问题。

临时抱佛脚

好在此前我刚花了两年时间，翻译了《物种起源》全书，那可是一个字一个字地抠出来的呀，因此对全书的熟悉程度自不待言。我知道书中有许多十分有趣的例子，大多与动植物的习性、行为、地理分布等有关，这些例子是孩子们比较容易能够理解的。可是，有两个问题需要解决，一是如何用孩子们能够产生兴趣的语言和方式来叙述这些例子，二是如何把这些零散的例子串起来，忠实反映原著的理论框架。对于第一点，开始是金环帮了我很大的忙，她把很多翻译引进的少儿科普书不厌其烦地拍下来，把图片传给我看。我自己在这里也买了一大堆英文的少儿科普读物来“恶补”。这种“临阵磨枪不亮也光”的干法，似乎也有一些效果，但对有些比较抽象的章节，配图的画家反馈说有些地方不好懂。不好懂，那我就推倒重来。我觉得，整个创作过程中，跟我有互动的三位编辑和一位画家，都是学文学艺术出身的，这让我心里很踏实。为什么呢？

我在美国读博士时，我的学位委员会由5位教授组成，两位是动物与生理学系的，两位是古生物学家，剩下的一位，我的导师让我去请一位地球物理的教授，我当时不解地问：为什么请一位离我们的专业如此遥远的老师啊？他笑着答道：如果你的论文能让他读得懂，那么任何人就都能读懂啦。我觉得此话有理，便兴冲冲地去找那位地球物理教授，他也问我为什么请他，我不假思索地把我导师的话重述一遍，他做了个鬼脸说：哦，原来拿我当傻子呢！其实，这和白居易写诗要先读给老太太听，是一个道理。

正是如此，我心里琢磨着：哼，如果我能够对付这帮“文傻”（哈哈）的话，那么孩子们那里就好办了。在经过三番五次地大修小改之后，于海宝编辑告诉我说：白总（接力出版社的白冰总编辑）也看了，说挺好。我如释重负。我曾向李建霞编辑吐槽说，我写了一辈子的文章，交出去之后几乎很少被要求做什么大的改动的，这次写这本童书，是我过五关斩六将后的走麦城啊！

上面提到的第二点，我是颇费心机的。我在写作时，力求保持散而不乱：所有的例子都可以独立成篇，但总体上又围绕着原著的通篇“是一部长篇的论争”这条主线。每一部分之后，我再做复习性质的复述和总结。

学会讲故事

如果说上面的临时抱佛脚有些收效的话，那也是由于我在美国所受的研究生阶段的教育让我学会了讲故事的本领。我有幸遇上了4位极会讲故事的美国教授，都是“九段高手”。一位是我的博士导师，另一位是教我“构造沉积学”的老师，他们可以把冷冰冰的石头讲得活蹦乱跳。还有一位教“动物行为”的教授，修他那门课，简直是像听故事会——我差点都想改行去研究动物行为！再一位是芝加哥大学教医学院新生“人体解剖学”的朗巴德教授，这门课一学期由3位教授轮流讲授，是午饭后1点到2点的课，我当他们的助教，亲眼看到其他2位教授讲课时，灯一关掉，幻灯机打开，很快学生们就进入了梦乡。而朗巴德教授讲课，不用幻灯片，用彩色粉笔在黑板上随讲随画，图画得漂亮，课讲得风趣，学生们注意力集中、兴趣盎然，简直让人佩服不已。

说实话，这几位老师教我讲故事的“绝活儿”，这次写《物种起源（少儿彩绘版）》可真是派上了用场。记得诺奖得主、英国著名物理学家欧内斯特·卢瑟福说过：“不能向酒吧的侍应生解释清楚的理论，都不算是好理论。”我对自己说，如果你不能把达尔文这么好的理论给孩子们讲明白的话，你不仅辜负了达尔文，也辜负了那4位教授的言传身教。再者，“生动有趣”是美国文化的一部分，从政客演说、牧师布道、老师授课、商业广告到电视节目“脱口秀”，都需要引人入胜才行。对一个人的差评，莫过于说此人“无趣”（boring）了。

更重要的是，对读者和听众要始终保持高度的尊重和谦恭，不能居高临下地写文章和说话。对孩子们，也应该是这样。我就不止一次地看到学校的老师、商店的服务员、国会议员在跟孩子们说话时，或者躬身，或者蹲下来，保持自己的面部跟孩子的面部在一个水平线上。我们万万不能低估孩子们的智力水平，而孩子们的想象力常常是超过成年人的。这就是为什么在数学界，你 30 岁以前做不出大成就，一般说来就没多大戏了。而像爱因斯坦这样的科学巨匠，是终生保持着孩子般的天真的。

我们的大师兄刘后一先生（师从周明镇先生），生前是少儿科普大师，他写的《算得快》《北京人的故事》等书，是不朽的经典。他在主编《化石》杂志时，我曾有幸得到过他的鼓励，我愿意借《物种起源（少儿彩绘版）》这本书寄托对他的怀念和崇敬。

2020年
12月24日

原载于《中国科学报》。

读到穷处句便工

读书是私密的事，写作则是功夫活儿。

在美国，图书馆的借书记录，属于个人隐私范畴，受到法律保护。既是私密事，就大可不必跟风；因而，我向来很少读各媒体榜单上的畅销书。不过，我是《纽约客》《纽约书评》和《纽约时报》"星期日书评专刊"的忠实读者，40年来如一日，坚持不懈。通过这些报刊，我发现了许多自己喜欢的小众书，而且大多用心阅读过。

大凡"功夫活儿"，都是要练出来的；跟百炼成钢一样，写作是门需要通过多读多写，长期练就的本事。没有谁敢说自己是天生的作家。

多年前读过美国著名作家、普利策奖得主安妮·迪拉德（Annie Dillard）的《写作生涯》（*The Writing Life*），她在书中讲了个挺逗的小故事：

> 一位名作家到某大学去演讲，一个大学生问他："您看我将来能成为一名作家吗？""噢，我不太清楚……不过，你喜欢句子吗？"那位大学生被问傻了，心想：我二十啷当岁了，我喜不喜欢句子？您饶了我吧您……其实，这位作家问得不无道理。有个名画家被人问及他是如何成为画家的，他风趣地答道："我喜欢闻颜料的气味儿！"

无独有偶，后来我买过斯坦利·费什（Stanley Fish）的《如何写句子以及如何读句子》（*How to Write a Sentence and How to Read One*）。作者开头也讲了一个大同小异的故事：

> 有位画家，当别人问他为什么喜欢画画时，他答道：因为我喜欢颜色。你喜欢颜色，你就可能成为一个画家。同理，你若喜欢句子，你就可能成为一个作家。

记得读到此处，我当时不禁会心一笑；暗想：真是天下文章一大抄，看你抄得妙不妙。

后来，我在网上舞文弄墨，曾写过一篇游戏文字——《胡说"网上春秋"》，其中也复述了上面这个故事：

> 顾城曾如是说："人的生命里有一种能量，它使你不安宁，说它是欲望也行，幻想也行，妄想也行，总之它不可能停下来，生命需要一种形式。这个形式可能是革命，也可能是爱情；可能是搬一块石头，也可能是写一首诗，只要有了这个形式和生命中间这种不安分相吻合，一切就具有了意味。"

如今全民上网的现象，不正是大家通过上网这个为广大人民群众所喜闻乐见的新形式来排遣“生命中间这种不安分”吗？我敢断定：如果顾城当年在那与世隔绝的孤岛上有网可上的话，那一悲剧是完全可以避免的！所以，我劝那些整日里信誓旦旦要戒网的网友们：你们可千万要三思而后行。除非你找到了另一种形式（譬如吸毒、嫖妓、酗酒、赌博、杀人越货等）来替代上网、跟你的生命中间的与生俱来、至死不离的不安分相吻合的话，恐怕在网上写篇小文或上个帖，可能是最无益也无害的“替代品”了。

当然，文章要写得好、帖子要跟得有水平，也非一日之功。首先，你要练就文从字顺的功夫；Annie Dillard 在 *The Writing Life* 一书中讲过一件挺逗的事：

……

晚清苏北大儒刘熙载在《艺概》中也写道：“文以炼神炼气为上半截事，以炼字炼句为下半截事”。

通常“上半截事”是天生的，是学不来的；而“下半截事”则是后天的，是通过努力可以达到的。多读书自然是这种努力的不二法门。可是，读书得趁年轻时读，到了我这个年龄再去读，就惨了。

昨天晚上，我在音响里放上一张莫扎特钢琴协奏曲第 23、24 号 CD（法国钢琴家 Robert Casadesus 演奏），抓起一本叔本华，翻到他《论女人》一文。不多时，可能便鼾声渐起……醒来后，顿开茅塞：小时候读《剑南诗草》时通宵达旦也不觉困，可放翁为什么要说：“酒是解愁药，书为引睡媒”呢？

那时年少不解。昨晚终于一下子给整明白了：这诗大概是放翁在我这个年纪时写的。

书归正传，令人高兴的是，斯坦利·费什的书现在有了中译本。我郑重地把它推荐给每一个希望写出好句子的读者。

除此之外，我还想推荐一本更经典的老书：小威廉·史特龙克（William Strunk Jr.）和 E. B. 怀特（E. B. White）合著的《文体要素》（*The Elements of Style*）。这本书的原作者小威廉·史特龙克是 19 世纪末—20 世纪初康奈尔大学英文系教授，他的学生中包括胡适先生以及美国 20 世纪散文大家 E. B. 怀特（《夏洛的网》作者）。该书原本是史特龙克教授英文写作课的油印讲义，后来经其弟子 E. B. 怀特整理、改编并增加了自己一篇“编后记”出版。这本薄薄的小书，已成为美国除《圣经》之外发行量最大的书，被称作英语写作的“圣经”。

这本书提倡简洁的文风、短小精悍的句子，对海明威以及 20 世纪许多美国作家影响很大。其中著名的一段话如下：

> 刚健的文字都是简练的。应句无冗词，段无赘句，一如画面应无多余线条，机器应无多余部件。亦非要求句句写短，或略去细节，只剩轮廓，但须字字言之有物。（笔者译）

诚然，作者在提倡简洁文风的同时，也强调“亦非要求句句写短”，而是每个字都落到实处。况且，字数多少也并不是度量简洁的唯一标准。英语世界有许多爱写长句子的优秀作家，比如狄更斯、詹姆斯等。狄更斯名著《双城记》开头，有个脍炙人口的名句：

> 这是最好的日子，也是最坏的日子；这是智慧的时代，也是愚蠢的时代；这是信仰的时期，也是怀疑的时期；这是光明的季节，也是黑暗的季节；这是希望的春天，也是绝望的冬天；我们面前好像无所不有，但又像一无所有；我们似乎顷刻即上天堂，但也可能瞬间便下地狱……（笔者译）

达尔文《物种起源》中，半页长的句子俯拾皆是。这是由于他逻辑严谨，每个句子内容都塞得很满，但读来并不觉得冗长累赘。书末最后一句则不长不短，但十分精彩，广为引用：

> 生命及其蕴含之力能，最初由造物主注入到寥寥几个或单个类型之中；当这一行星按照固定的引力法则循环运行之时，无数最美丽与最奇异的类型，即是从如此简单的开端演化而来、并依然在演化之中；生命如是之观，何等壮丽恢弘。（笔者译）

谈到锤炼句子，我向大家介绍美国的一个博客网站：“六句文：六句话里你能说些什么？”（“Six Sentences: What can you say in six sentences?” http://sixsentences.blogspot.com/ ）。网站规则是每篇文章必须由六个句子组成，句子长短则不受限制。活跃在这一网站的，大多是些“文学青年”，利用这一媒介练笔并结识志同道合的文友。虽是博客网站，刊登的短文也都是经过编辑严格挑选的，而不是自己可以随随便便往上贴的；加之网站编辑的品位不低，所以，其中不乏佳作。其实，作者中也有不少崭露头角的作家，甚至于有的名作家也时不时地去凑凑热闹呢。不特此也，“六句文”中的精粹，已于2008年结集出版了第一卷。现在该网站已经吸引了世界各地的文学爱好者，并且已经选编出版了好几卷《六句超短篇选集》。

美国著名作家理查德·福特（Richard Ford），曾经贡献过下面这篇“六句文”：

> 世界上没有什么比这更令人希冀的了，那就是知道你所喜欢的女人，在某个地方正在思念着你。而且，她只想着你。反之，世界上没有什么糟糕的事，堪比连一个思念着你的女人都没有了。或者更糟糕。由于你的愚蠢，她离开了你。这好比你从飞行中的机窗内往外看，发现地球消失了。这样的孤独是无与伦比的。（笔者译）

十分有趣的是，这种孤独的感觉，并非停留在作家笔下对失恋者绝望心情的文学描述，而是实实在在发生过的真实情景：1968年平安夜（12月24日晚），正在阿波罗8号宇宙飞船上做环月旅行的两位美国宇航员，在月球的另一边，成了人类历史上头一次看不见地球的人。他俩切身经历了福特所形容的那种“无与伦比的孤独”，用他们自己后来的话说：“没有地球的宇宙，完全是浩瀚、荒凉、令人不寒而栗的空无。”

一如上述神奇的感觉需要文学高手福特描写出来，“看似寻常最奇崛”的好句子，也全靠敏感、有经验的作者去体味，去捕捉，去锤炼。

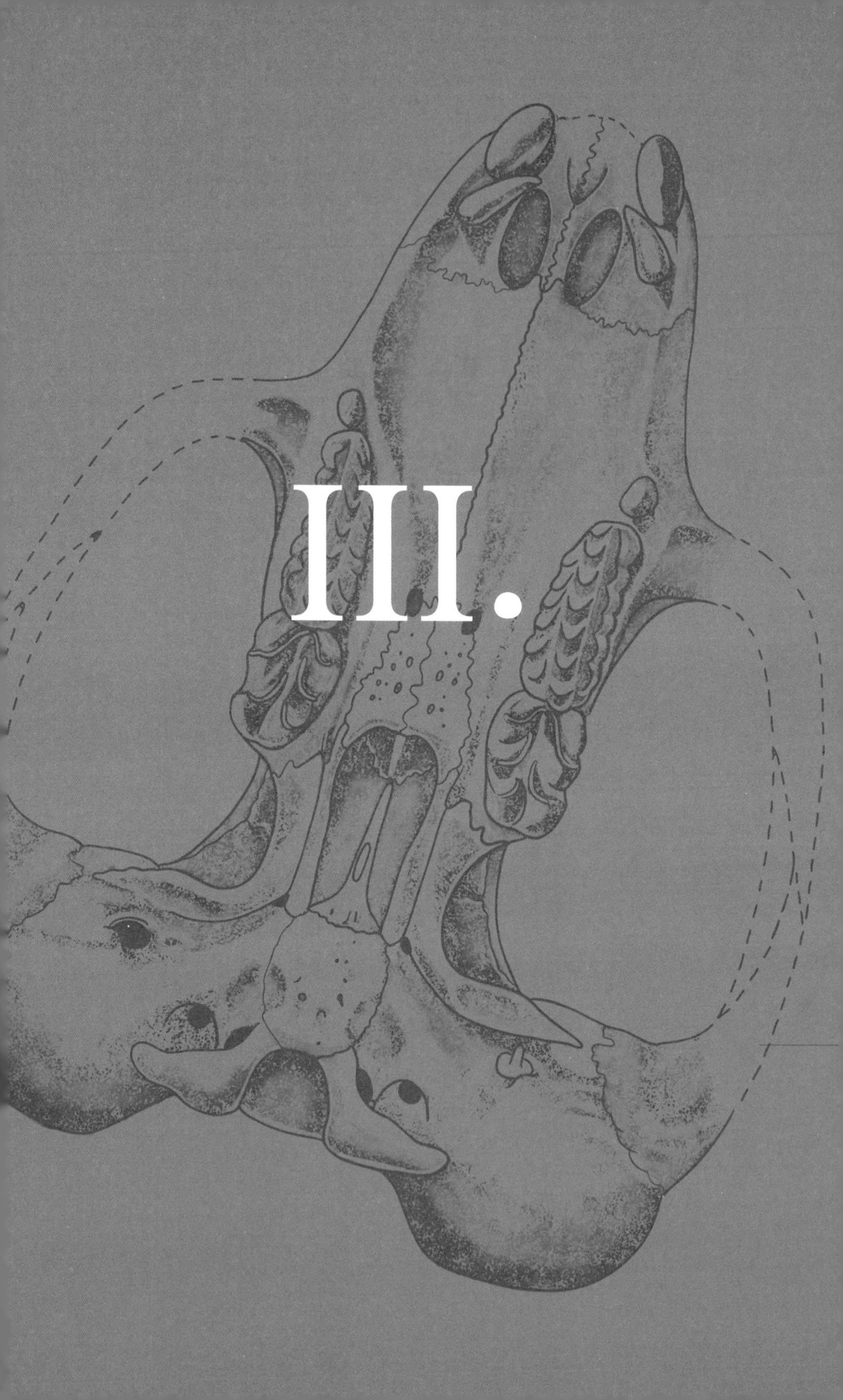

III.

达尔文与 E.O. 威尔逊

◇ 2022 年 3 月 29 日
◇ 2021 年 2 月 9 日
◇ 2020 年 12 月 18 日
◇ 2020 年 10 月 29 日
◇ 2020 年 7 月 13 日
◇ 2020 年 1 月 16 日
◇ 2019 年 7 月 5 日
◇ 2019 年 6 月 11 日
◇ 2017 年 4 月 5 日
◇ 2014 年 4 月 2 日
◇ 2014 年 1 月 29 日
◇ 2012 年 8 月 5 日

2014年
1月29日

原载于《中华读书报》。被《新华文摘》2014年第7期转载。

《物种起源》：版本学及其他

编者按： 译林出版社日前出版由现供职于美国堪萨斯大学自然历史博物馆暨生物多样性研究所的苗德岁教授翻译的《物种起源》。在前不久举行的“新译《物种起源》出版沙龙”上，中国科学院院士、瑞典皇家科学院外籍院士张弥曼教授，中国科学院院士、美国科学院外籍院士周忠和教授对这一新译给予了高度评价，苗德岁教授做了精彩发言，讲述了《物种起源》及其新译本背后的故事。作为经典名著，《物种起源》在国内已有很多译本，现在还有必要重译吗？在达尔文生前，《物种起源》总共出版了6版，以前国内均选择最后一版翻译，苗德岁则选择了第二版进行翻译，这是为什么？关于达尔文和《物种起源》，国际上有哪些新的研究进展？苗德岁在对这些问题的回答中传达了很多新信息，现我们整理成文（参考了书中“译者序”等文字），以飨读者。

翻译缘起

最开始译林出版社的编辑黄颖女士找到周忠和院士，忠和向出版社推荐了我，但我几乎未加思索便婉拒了。为什么呢？因为我知道，翻译《物种起源》将是一件太过艰巨的任务。黄颖是我南大的校友，她很有坚持精神，也很有策略，有一搭没一搭地跟我保持着邮件联系。2010年暑假我去中国科学院南京地质古生物研究所访问，她提出请我吃顿饭。饭局上还有时任译林出版社人文社科编辑部主任的李瑞华先生（现为译林出版社副社长）。席间，他们也没触及翻译《物种起源》话题，只是希望我有暇时，可以给他们推荐甚或翻译一些国外的好书。几个月后的圣诞节前夕，小黄给我发邮件说，她又找了别的译者，但是感觉译文还是没有达到他们期望的水准。她说，如果世界上有一本书值得翻译的话，还有比《物种起源》更值得你亲自翻译的吗？她又给我戴高帽子，说如果在华语世界有一个能翻译这本书的人，除了苗公您，还能找到谁？高帽子加激将法，让我如何拒绝？我马上回邮件说，就凭你这句话，这活儿我接了。邮件一发出去，我就后悔了，但是你知道电子邮件可以 send，但没有 unsend 键。我只能硬着头皮投入这项工作了。

伟大的《物种起源》

我在译序里说："名著如同名人，对其评头论足者多，而对其亲阅亲知者少。达尔文的《物种起源》便是这一现象的显明例子之一。"据我的观察，即使相关领域的科研人员，也大多无暇通读或精读这部著作。所以我常跟年轻朋友们说，尽管你们现在压力很大，要追踪前沿，要发表文章，但还是要看一些"闲书"，因为这样的阅读在你以后的研究中会给你想象不到的启发和灵感，像《物种起源》这样的名著尤其如此。

《物种起源》是少数几本可以称得上改变了世界的书，这样的书还有大家熟悉的《圣经》，马克思的《资本论》等，它是这一级别的名著。《物种起源》发表到现在已经 155 年了，尽管生物学、地学有很多新的进展，但达尔文所建立的理论框架依然巍然矗立，它经受住了时间的考验。现在的很多学科，像生物地理学、动物行为学、生态学，等等，尽管达尔文的时代还没有这些学科的名字，但是达尔文这本书已经为这些学科打下了基础。再过150年，这本书也不会过时。我在翻译和研究的过程中，确实对达尔文崇拜得五体投地。达尔文那时并没有我们今天这样的研究条件和知识基础，他能够写出这样一部伟大的著作，太了不起了。

为什么选择第二版

为什么选择第二版为翻译底本呢？达尔文生前，《物种起源》共出版了6个版本，其中第一版和第二版相隔时间很近。按照达尔文本人的说法，第一版是1859年11月24日出版，第二版是1860年1月7日出版；达尔文研究专家派克汉姆查阅了该书出版社的出版记录，则认为第一版是1859年11月26日出版，第二版是1859年12月26日出版。也就是说，第一版和第二版相隔只有一个半月或一个整月的时间。第二版甚至没有经过重新排版，相比第一版的改动也很少。根据派克汉姆的研究，达尔文在第二版中删除了9个句子，新增了30个句子，此外还有一些印刷、标点符号、拼写、语法、措辞等方面错误的更正。在其后12年间的第三（1861）、第四（1866）、第五（1866）、第六（1872）版中，尤其是自第四版开始，达尔文为了应对别人的批评，做了大量修改，以至于第六版的篇幅比第一、二版多出了三分之一。正如我在"版本说明"中所写，"限于当时的认识水平，那些对他的批评很多是错误的，而他的答复往往也是错误的"。譬如他越来越求助于拉马克"获得性性状的遗传"的观点，这就偏离了他原先正确的立场。鉴于此，当今的生物学家以及达尔文研究者们，大都垂青与推重第一版；而近20年来，西方各出版社重新印行的，也多为第一版。然而，牛津大学出版社的"牛津世界经典丛书"的1996年版以及2008年版，却都采用了第二版，理由很简单：与第一版相比，它纠正了一些明显的错讹，但总体上没有什么大的改动。最终，我采用了“牛津世界经典丛书”2008 年版为翻译底本。

也许更好的选择是第一版

但我现在又稍微有点后悔，也许还是应该翻译第一版。为什么呢？第一版出来一个月（或者一个半月），达尔文就向宗教界做出了妥协，第二版所做的改动就体现了这些妥协。比如说卷首引语（国内其他译本都没有译），第一版里面卷首引语只有第一段和第三段，第二段是第二版加上去的。这段引语出自巴特勒《启示宗教之类比》，其中写道：“……所谓‘自然的’事物则需要或预先假定有一个智能的实体不时地或在预定的时段进行干预，使之保持其特性。”你可以看到，这里有取悦于宗教界的意思。还有全书结尾处写道，“生命及其蕴含之力能，最初由造物主注入到寥寥几个或单个类型之中”，第一版是没有“由造物主”几个字的。另外书中还有一处，引用了宗教人士查尔斯·金斯利（Charles Kinsley）给他的信中的话，说是他注意到达尔文对宗教情感的尊重，这也是第二版新增的。这三处，应该都是违心的让步。所以，原耶鲁大学研究生院院长、著名的达尔文学者基思·托马森（Keith Thomason）曾在《美国科学家》（*American Scientist*）的专栏文章中指出：若是在科学经典著作中举出修订版不如初始版本的例子的话，那么《物种起源》便是经典的一例。甚至可以说，《物种起源》的修订是一版不如一版。

《物种起源》一版不如一版

为什么说《物种起源》一版不如一版呢？举两个例子。一个是遗传机制问题。达尔文知道有遗传这回事，小孩子生下来像爸爸，这就是遗传，达尔文也知道有变异，但是究竟遗传是怎样进行的，变异又是怎么回事，他不知道，这困惑了他一生。有人向他提出这个问题，他就试图给出自己的回答，并写在了后面各版里，现在看来，这些回答都不正确，可以说毫无意义。

还有地球年龄问题。著名物理学家开尔文（Lord Calvin）提出，说你讲生物的演变是渐变的，这个过程非常缓慢，地球的年龄有没有提供足够的时间让生物从无到有，并演化成今天这个模样呢？这个问题又让达尔文手忙脚乱，到处找地球年龄方面的证据。开尔文提出地球年龄为一亿年，现在我们都知道，地球年龄远长于此，所以有足够的时间供生物演化。达尔文在这个问题上花费很多笔墨，现在看来也都是多余的。而且，这些增补打乱了第一版结构的严谨、逻辑的缜密、行文的流畅。所以在今天，大家基本上都不看第六版了。

《物种起源》的语言

关于《物种起源》的研究一直是学界热点，其中有的研究对其语言特点和文学性有深入讨论。当时写作的时候，达尔文既要考虑说服科学界的人，又要说服大众，而且当时是科学发展的初期，不像我们现在有很多专业术语，有很多jargons，所以达尔文在书里用的是弥尔顿和莎士比亚的语言，非常典雅。有人说，看到《物种起源》，就看到了狄更斯的《双城记》的影子以及乔治·艾略特（George Eliot）的《米德尔马契》（*Middlemarch*）的影子。这就是说他使用的完全是文学语言，非常美。但这个文学语言是维多利亚时期的，对今天的人们来说，并不好懂。

达尔文的“四怕”

达尔文的一生有“四怕”。一怕触犯宗教，这也就是为什么他写出来之后，等了 20 年才发表。第二他很爱他的妻子，他的妻子艾玛是个虔诚的基督徒，结婚之前，他跟艾玛说不信仰（上帝），艾玛说只要我们相爱就行，但是我们今后不会在天堂相见的，正因为如此，他非常不希望伤及艾玛的宗教情感。第三怕与人论争，不愿陷入旷日持久的论战。第四怕是最莫名其妙的，他一直没有经济安全感。他是富二代，家里极为富有。他让大儿子学金融，让他管家、投资。他稿费也赚了不少。他跟艾玛结婚的时候，艾玛家的陪嫁和他爸爸给他留的钱已经很多，到他去世时，他的家产相当于现在的 2 700 万英镑，天文数字。有人说他当时要是雇一个年轻的懂德文的助手的话，就不会一直被遗传和变异法则所困扰，因为那时德国的孟德尔已经搞清楚了遗传的机制，并发表了论文，如果有一个懂德文的助手，也许他就能在生前接触到孟德尔的发现了，可是他连个助手都不请，很抠门儿。

进化论与宗教的关系

尽管达尔文的宗教信仰很早就产生了动摇，但是你要注意，达尔文从来没有说过自己是无神论者。他说自己是不可知论者（agnostic）。而且宗教和科学，神学和科学，现在国外大家基本上达成一个共识：它们是属于两个不同范畴（sphere）的东西。宗教是信仰，科学是科学。引人注目的是，当今英国著名的古生物学家西蒙·莫里斯（Simon Morris），现在是天主教的科学家代言人。他研究生命起源，现在他相信生命起源是神创的。像包括某诺贝尔奖得主在内的一些一流科学家也都是信教的。进化论与宗教的关系在欧洲不太成问题，但美国的情况有些特殊，美国的原教旨主义者很有势力，很保守。你到欧洲问大家信不信进化论，大家都信进化论，即便他信教，他也相信进化论。美国不一样，美国有 33% 的人因为宗教原因不信进化论。

马克思赠书给达尔文遭拒?

有一个说法，马克思要把《资本论》献给达尔文，但达尔文拒绝了。这是误传。在《物种起源》出版之后，马克思的《资本论》第一卷第二版刚好出版，马克思就签了名送给达尔文，是德文版，这本书现在还在达尔文故居的书橱里。后来，马克思的女婿写了一本书要献给达尔文，达尔文没理。马克思把书献给达尔文遭拒这个说法流传很广，很多书里都写了这件轶事，但这纯属张冠李戴的误传。

2014年
4月2日

原载于《中华读书报》。

思想双峰各耸立

19世纪是人类思想史上非常重要的时期，出现了三部重要的著作：马克思的《资本论》、达尔文的《物种起源》、弗洛伊德的《梦的解析》。马克思（1818—1883）与达尔文（1809—1882）基本上属于同龄人，达尔文长马克思9岁、比后者早逝一年。诚如小柯尔普所指出（Colp, R. Jr., 1974, p.329），“在他们二位成年期的大部分时间里，从不同的意义上说，他们也许堪称是19世纪最具革命性的、不朽的思想家；二位都居住在英国，相距不足20英里。他们却从未谋面。然而，通过直接和间接的方式，马克思和达尔文之间互有所闻。二位之间的关系史，长久以来众说纷纭且偏颇不全。”不久前拙译《物种起源》（2013 译林版）问世，我在各处做过一些讲座，有人曾提出过这方面的问题，给了我深入探讨这一问题的动力，现将我的研究在此做一简短小结，以飨读者。

1883 年，恩格斯在马克思墓前致悼词时说，马克思的巨大贡献包括两大发现：一是，一如达尔文发现了生物自然界的演化规律，马克思发现了人类历史的发展规律；二是，马克思发现了剩余价值理论。尽管恩格斯在此是赞颂马克思的，但他对达尔文的评价之高，也是显而易见的。也许部分地出自这一原因，长期以来人们一直认为，由于达尔文的生存斗争和自然选择理论似乎支持了马克思的阶级斗争学说，因此，马克思是达尔文的“拥趸”。尤其广为流传的是，马克思曾在 1873 年春将出版不久的《资本论》第二版寄赠达尔文，并在扉页上写下了对达尔文极尽仰慕之情的赠言。但事实可能比其表象更为错综复杂一些。

始爱终嫌　明扬暗抑

《物种起源》在 1859 年 11 月 24 日面世后不久，恩格斯很快就将这一消息知会了马克思。不过，直到一年后的 1860 年 12 月，马克思才开始阅读《物种起源》。他最初的反应是异常兴奋的，他于 1860 年 12 月 19 日致信恩格斯说：“尽管该书写得有点儿英国式的粗糙，但它包含了支持我们观点的自然历史基础。”有意思的是，马克思一年半后重读《物种起源》时，不再有当初的如此好感，他开始抱怨达尔文把自然选择视为当时英国社会的写照。他于 1862 年 6 月 18 日致信恩格斯说：“值得注意的是，达尔文如何在动植物中重新发现了英国社会的劳动分工、竞争、开拓新市场、‘探险发现’以及马尔萨斯的‘生存斗争’。”显然，马克思对达尔文从他的宿敌马尔萨斯那里得来生存斗争的灵感而耿耿于怀，而如果把他的抱怨与其后兴起的社会达尔文主义联系起来看的话，我们不能不承认马克思确有先见之明。

其实，马克思对《物种起源》这种时隔一年半、判若两重天的态度，也并不难解释。《物种起源》没变，变了的是马克思的心情和视角。他视《物种起源》如同资产阶级，一如资产阶级曾在特定的历史时期代表着进步的力量，《物种起源》跟先前的科学理论比起来是一大进步，但也包含了马克思认为是重大缺陷的一些东西。比如说，他十分不满达尔文在书中用马尔萨斯的“资产阶级政治经济学原理”作为其自然选择理论的基础。马克思是极为反对把自然规律运用到人类社会的，但同时又支持在他的阶级斗争学说与达尔文学说间寻求一种平行（“parallelism”；前文提到的恩格斯在悼词中将马克思与达尔文贡献的类比，也是这个意思）。这在不久以后社会达尔文主义成为滥觞时，而达尔文又一直保持着暧昧地沉默，我们便更容易理解马克思对达尔文的“爱恨交织”的矛盾心情了。

因此，马克思既不是达尔文毫无保留的支持和仰慕者，也不是对达尔文充满敌意的批评者，他对达尔文既有惺惺相惜的一面，也有“恨铁不成钢”的一面，他希望达尔文的想法更接近他的想法——当然，这既是一厢情愿，也是不可能如愿的。正因为如此，在公开发表的言论中，马克思对达尔文均赞赏有加，而他对达尔文的批评皆藏于私人通信和未发表的文稿中。当然，这些私人通信和手稿在马克思身后得以出版，才使我们有了今天的“后”见之明。

两处赞赏　一样误读

长期以来马克思一直被认为是达尔文的拥趸，这至少源自马克思在两处对达尔文的赞赏，但即便在这两处，也存在着同样的误读（或是立论者的想当然的解读），而与实情可能相去甚远。

其一是，1867 年 9 月《资本论》第一卷第一版问世，书中在讨论现代专门化工具的发展时，阐述了工具的专门化是为了适应日益分明的劳动的细微分工所需的特定功能，马克思在脚注里写道："达尔文在其划时代的《物种起源》一书中论及动植物的自然器官时指出，'只要同一器官不得不从事多种多样的工作，我们也许即能理解，它们为何容易变异，也就是说，为何自然选择对于这种器官形态上的每一微小的偏差，无论是保存或是排斥，都不像对于专营特定功能的器官那样严格。这好似一把要切割各种东西的刀子，可能几乎具有任何形状；而专为某一特殊目的的工具，最好还是具有某一特殊的形状。'（此处的达尔文引语见 2013 译林版《物种起源》第 119 页）"马克思在此称《物种起源》是"划时代的"，当然说明对其评价很高，我想这也是真诚的，但不能就此认定马克思一定是对达尔文有多么崇拜。这就像敝人并不信教，但我依然认为《圣经》是属于改变世界的少数几本不朽经典之一。

其二是，1873 年春夏之交，马克思做了一件不大不小但颇为耐人寻味的事，他把新近出版的《资本论》第一卷第二版寄给了达尔文一本，并在扉页上题签："达尔文先生：您的诚实的仰慕者，卡尔·马克思，伦敦，1873 年 6 月 16 日"。三个半月后的 10 月 1 日，达尔文给马克思回了一封信，信中写道："阁下馈赠《资本论》大作，令我不胜荣幸之至；并真诚希望敝人能对政治经济学有更深的理解，以不负您的馈赠。尽管我们所研究的领域如此不同，敝人相信我等皆渴望知识的延展，并确信长此以往必定会为人类福祉有所贡献。"这是典型的英国绅士的做派，彬彬有礼却又拒人于千里之外！名义上表示感谢，潜台词是：无心对话，敬而远之。

我的解读是，1873 年达尔文在英国的名声如日中天，马克思给他寄书，未必是对达尔文有多么深的仰慕，作为定居在伦敦的一个德裔犹太人"政治难民"，他恐怕更想在英国上层知识阶层中传播自己

莱尔

胡克

华莱士

的思想，达尔文无疑是他试图接近的人之一（马克思还曾经聆听过赫胥黎的有关进化论的系列演讲）。因为《资本论》出来之后，在英国几乎无人注意，风乍起，却未吹皱一池死水，马克思也于心不甘。

实际上，达尔文表现的不只是英国绅士的矜持，还多少有一种居高临下的势态。我在研究达尔文的过程中发现，他的这种表现是一贯的。他以病魔缠身为由，闭门谢客，但他对诸如赫胥黎、莱尔、胡克等学界上流人物，却永远敞开大门、热忱欢迎，因此达府向来是谈笑有鸿儒、往来无庶民。他对华莱士的态度也是如此，他曾经帮助贫困中的华莱士谋得政府补贴，但从来不会邀请华莱士到家中做客。他在《物种起源》中引述的那些育种者，也都是地方上有头有脸的乡绅，而不是名不见经传的育种员和乡民。当然，他跟马克思之间，除了社会地位的悬殊之外，还多了一层“道不同，不相为谋”的藩篱。

至于一度曾误传为马克思欲把《资本论》献给达尔文，却受到了后者的拒绝，则纯属以讹传讹。这一误解起因于对一封致达尔文的信的错误鉴定，起先认为该信是来自马克思的。其实，这封信是来自马克思的女婿、政治哲学家爱德华·阿韦林（Edward

Aveling），他对达尔文的非宗教的观点极为推崇，因此询问能否将自己的一本书献给达尔文。由于达尔文不想公开地与一个无神论者牵扯在一起，便回信婉拒了他的请求。

总之，马克思向达尔文赠书以及达尔文简短的礼节性回复，是这两位伟大思想家唯一的一次交往。不知何故，走笔至此，我突然想起徐志摩的一句诗，拿来权作结尾吧："你我相逢在黑夜的海上，/ 你有你的，我有我的，方向"（《偶然》）。

2012年
8月5日

记于五半斋

本文以“译后记”为题，**原载于**《物种起源》，译林出版社，2013。

翻译《物种起源》的缘起

“把西方文字译成中文，至少也是一项极繁琐的工作。译者尽管认真仔细，也不免挂一漏万，译文里的谬误，好比猫狗身上的跳蚤，很难捉拿净尽。”

——杨绛《记傅雷》

1978年7月里的一个上午，在北京中国科学院古脊椎动物与古人类研究所周明镇先生的办公室里，正举行一场“文革”后该所古哺乳动物研究室首批研究生入学考试的口试，周先生问了一位考生下面这个问题：“你能说出达尔文《物种起源》一书的中、英文副标题吗？”当年未能回答出周先生这一提问的那位考生，正是你手中这本书的译者。

我进所之后，有一次跟周先生闲聊，周先生打趣地说：德公，口试时我问你的那个问题有点儿 tricky（狡猾），因为叶笃庄以及陈世骧的两个译本都没有把副标题翻译出来，所以，问你该书中、英文的副标题，是想知道你究竟看过他们的译本没有，当然啦，也想知道你是否读过达尔文的原著，以及对副标题你会怎么个译法。记得我当时对周先生说，我一定会去读这本书的。周先生还特别嘱咐我说，一定要读英文原著。

1982 年，经过周先生的举荐和联系，我到了美国加州大学伯克利分校学习，在那里买的第一本书就是《物种起源》（第六版）。1984 年暑假回国探亲时，我送给周先生两本英文原版书，一本是《物种起源》，另一本是古尔德的《达尔文以来》（*Ever since Darwin*）。周先生一边信手翻着《物种起源》，一边似乎不经意地对我说，你以后有时间的话，应该把《物种起源》重新翻译一遍。我说，您的老朋友叶笃庄先生不是早就译过了吗？周先生说，那可不一样，世上只有永恒不朽的经典，没有一成不变的译文，叶笃庄自己现在就正在修订呢！其后的许多年间，周先生又曾好几次跟我提起过这档子事，说实话，我那时从来就未曾认真地考虑过他的建议。

周先生 1996 年去世之后，张弥曼先生有一次与我闲聊时，曾谈到时下国内重译经典名著的风气盛行，连诸如《绿野仙踪》一类的外国儿童文学书，也被重译，而译文质量其实远不及先前的译本。我便提到周先生生前曾建议我重译《物种起源》的事，她说，我们在翻译《隔离分化生物地理学译文集》时，有的文章中用了《物种起源》的引文，我们是按现有译本中的译文来处理的，当时也感到有些译文似乎尚有改进的余地，如果你真有兴趣去做这件事的话，这确实是一件很值得做的事。她接着还鼓励我说，我相信你是有能力做好这件事的。可是，正因为我读过这本书，深知要做好这件事，需要花多么大的功夫和心力，所以我对此一直缺乏勇气、也着实下不了决心。那么，后来是什么样的机缘或偶然因素，让我改变了主意的呢？

在回答上面这一有趣的问题之前，先容我在这里将这一译本献给已故的周明镇院士、叶笃庄先生、翟人杰先生以及目前依然在科研岗位上勤勉工作的张弥曼院士。周先生不仅是这一项目的十足的“始作俑者”，而且若无跟他多年的交往、有幸跟他在一起海阔天空地“侃大山”，我如今会更加地孤陋寡闻；叶先生是中国达尔文译著的巨人，他在那么艰难的条件下，却完成了那么浩瀚的工程，让我对他肃然起敬；翟老师是我第一本译著的校阅者，也是领我入门的师傅；张先生既是我第二部译著的校阅者，又是近20年来对我帮助和提携最多的良师益友。若不是他们，也许我根本就不会有这第三部译著，我对他们的感激是莫大的、也是由衷的。这让我想起亨利·亚当（Henry Adams）所言：“师之影响永恒，断不知其影响竟止于何处。”（A teacher affects eternity; he can never tell where his influence stops.）

现在容我回到上述那一问题。起因是2009年10月，为纪念达尔文诞辰200周年暨《物种起源》问世150周年，在北京大学举办了一个国际研讨会，领衔主办这一活动的三位中青年才俊（龙漫远、顾红雅、周忠和）中，有两位是我相熟相知的朋友，亦即：龙漫远与周忠和。会后，时任江苏凤凰集团旗下译林出版社的人文社科编辑黄颖女士找到了周忠和，邀请他本人或由他推荐一个人或一些人来重新翻译《物种起源》，周忠和便把我的联系方式给了黄颖。黄颖很快与我取得了联系，但我几乎未加思索地便婉拒了她的真诚邀请。尽管如此，我想，此处是最合适不过的地方，容我表达对周忠和院士的感谢——感谢他多年来的信任、鼓励、支持和友谊。

黄颖是个学哲学出身的80后编辑，她很快在网上搜出我是她南京大学的校友以及我与南京的渊源，有一搭没一搭地继续跟我保持着电子邮件的联系。当她得知我2010年暑假要去中国科学院南京地质古生物研究所访问时，便提出届时要请我吃顿饭。我到南京的那天，她请她的“老板”、亦即时任译林出版社社长助理兼人文社科编辑部主任的李瑞华先生，与我一道吃饭。李先生十分儒雅，小黄非常聪慧，我们席间相谈甚欢，但并未触及翻译《物种起源》的话题，他们只是希望我今后有暇的话，可以替他们推荐甚或翻译一些国外的好书。几个月之后的圣诞节前夕，我收到了小黄一封祝贺圣诞快乐的邮件，其中她写道：“我心里一直有个事情，不知道该不该再提起……看过您写的东西，听您谈及您和《物种起源》的渊源，我始终很难以接受其他的译者来翻译这么重要的一本书。您是最值得期许的译者，从另一个角度说，您这样的译者，只有《物种起源》这样的书才能配得上，现在好书即使有千千万万，但是还会有一本，更值得您亲自去翻译的吗？想提请您再一次考虑此事，我知道这是一个不情之请。我的心情，对于您和您的译文的期待，您能理解吗？也许给您添了麻烦和更多考虑，但那是传世的……”我怎么能拒绝这样的邀请呢？余下的便是历史了，我希望历史会善待我。我立马给她回了邮件，答应接受她的邀请——这就是电子邮件的坏处，没有一个“收回”（unsend）的功能键，连反悔都来不及了。

就在我的译文刚完成三分之一的时候，我收到了小黄的一个邮件，她知会我：由于家庭和学业等原因，她决定辞职；但她让我放心，译林出版社对这本书很重视，现已升任副社长的李瑞华先生会亲自接手该书的编辑工作。这件事深深地打动了我，最近我在《纽约书评》网站上读到的英国著名作家蒂姆·帕克斯（Tim Parks）的一篇博文，恰恰反映了我当时的心情，他说：作者希望得到出版社的重视，以证明其能写、能将其经历付诸有趣的文字。我有幸遇到像黄颖女士以及李瑞华先生这样的编辑和出版人，他们没有向我索取只言片语的试译稿便“盲目地”信任我、与我签约，并在整个成书的过程中，给了我极大的自由与高度的信任，在此我衷心地感谢他们。

我还要感谢周志炎院士、戎嘉余院士、邱占祥院士、沈树忠研究员、王原研究员、于小波教授、王元青研究员、张江永研究员、孙卫国研究员、巩恩普教授、Jason A. Lillegraven 教授以及 Larry D. Martin 教授等同事和朋友们的鼓励和支持；感谢堪萨斯大学自然历史博物馆、中国科学院古脊椎动物与古人类所、中国科学院南京地质古生物所现代古生物学和地层学国家重点实验室的大力支持；感谢张弥曼院士、周志炎院士、戎嘉余院士、邱占祥院士、周忠和院士、于小波教授以及沈树忠研究员阅读了《译者序》，并提出了宝贵的意见；感谢沙金庚研究员对一瓣鳃类化石中文译名的赐教、倪喜军研究员和王宁对鸟类换羽的解释。此外，在翻译本书的漫长时日里，是自巴赫以来的众多作曲家的美妙音乐，与我相伴于青灯之下、深夜之中，我对他们心存感激。

我要至为感谢一位 30 余年来惺惺相惜的同窗好友于小波教授，由于特殊的经历，他在弱冠之年便已熟读诸多英文经典，在我辈之中实属凤毛麟角，故其对英文的驾驭在我辈中也鲜有人能出其右。他在百忙之中拨冗为我检校译文并提出诸多宝贵意见，实为拙译增色匪浅。毋庸赘言，文中尚存疏漏之处，全属敝人之责。

最后我想指出的是，尽管汉语是我的母语而英语则是我 30 年来的日常工作与生活语言，然而在翻译本书过程中，依然常常感到力不从心；盖因译事之难，难在对译者双语的要求极高。记得 Jacques Barzun 与 Henry Graff 在《现代研究人员》（*The Modern Researcher*）一书中说过："译者若能做到'信'的话，他对原文的语言要熟练如母语、对译文的语言要游刃如作家才行。"（...one can translate faithfully only from a language one knows like a native into a language one knows like a practiced writer.）加之，达尔文的维多利亚时代的句式虽然清晰却大多冗长，翻译成流畅的现代汉语也实属不易。因此，我在翻译本书时，常怀临深履薄之感，未敢须臾掉以轻心、草率命笔；尽管如此，限于自己的知识与文字水平，译文中的疏漏、错误与欠妥之处，还望读者赐函指正（email:dmiao@ku.edu），不胜感谢之至。

2021年
2月9日

本文为《科普名家名著系列丛书》（长江少儿出版社）中《物种起源》一书的后记。

《物种起源》的文学性

在世界经典著作中，《物种起源》是少有的（如果不是绝无仅有的话）一部跨越科学和人文两大领域的巨著。不像多数其他科学元典那样，如今只有少数专家们还在研读，《物种起源》则是一部常读常新的“大众”畅销读物，出版160多年来，一直经久不断地被印行、并翻译成各种语言、为大家阅读甚至于激烈辩论。

不少人或许有过这样的经历，即多次试图阅读《物种起源》，却又多次中途放弃，甚至于看不了几页就欲“读”还休。如果说是由于译本质量不高的话，那么我可以负责任地告诉大家，母语是英语的人在读该书的英语原著时，也常常有过类似的经历。这是为什么呢？因为

《物种起源》原本就不是一本容易阅读的书，更不是一本供人们茶余饭后用来消遣的书。它像瓦格纳的长达数小时的大歌剧一样，需要你从头至尾的耐心和专注，这样一来，经过剧中的高潮迭起，及至达到剧末最高峰时，你突然领悟到：哇，这几个小时真的没有白坐呀！因此，我劝那些只想欣赏像贝多芬的"赠爱丽丝"那样的钢琴小品的读者朋友，请放下你手中的《物种起源》——这本书需要你用初恋中的那种青涩、真诚、追求、执着与专情来读。不过，我衷心希望，读者朋友们手中的这本简写本，已帮助大家扫清了不少阅读障碍。

此外，达尔文写这本书不只是给专家们看的，他试图说服世上所有的人。甚至于有研究者指出，达尔文非常希望他的父亲和舅舅兼岳父能喜欢这本书，因为毕竟是他们提供了他写作此书的雄厚的经济实力（尽管他们最后都没能等到《物种起源》的面世便离开了人世）。因此，他不想把该书写成一部"高门槛"的学术专著，尽管他完全有这个能力（如他的藤壶专著便是明证）。其次，他深知不寻常的理论要有不寻常的证据来支持，方能令人信服；因此，在书中他要列举无数方方面面的证据。那么，如何把千头万绪的证据以及他称之为"一部长篇的论争"的全书，用讲故事的手法、引人入胜地组织在一起，达尔文是煞费苦心的。不特此也，他凭借自己对维多利亚时代文豪弥尔顿和莎士比亚文笔的熟稔，在结构和修辞上都采用了文学手法。《物种起源》与狄更斯的《双城记》同年在伦敦出版，均成了当年的畅销书。

从结构上讲，《物种起源》初版除了开头的"绪论"与结尾的"复述与结论"，共由 13 章组成，大致可分成三部分：第一部分包括前四章，达尔文用来系统介绍他的理论，类似于开庭陈述；接下来五章，是化解他的理论可能会遭遇的诘难；在第三部分的四章中，他像律师出庭辩论那样，一一出示支持他理论的证据。他就好像推理侦探波洛那样，运用严密的逻辑和各种修辞手段，来说服读者。

因此，我们阅读《物种起源》时，不能当成学术专著来读，要当侦探推理小说来读，如果遇到什么悬念，一定要耐心读下去——“山重水复疑无路，柳暗花明又一村”。下面我将援引书中的少许精彩片段，以展示达尔文深厚的文学造诣。

首先，请看书中对生存斗争的描述，达尔文采用了文学上的“反直觉”（counterintuitive）手法：

自然界的所有生物都面临着剧烈的竞争。人们目睹自然界外表上的光明和愉悦，却忽视或遗忘了那些在我们周围安闲啁啾的鸟儿，大多数是以昆虫或种子为食的，因而它们在不断地毁灭着生命；我们也忘记了这些唱歌的鸟儿，或它们下的蛋，或它们的雏鸟，也多被鸷鸟和猛兽所毁灭。我们常常只看到眼下食物极大丰富，但也许没想到，不是一年四季都如此丰富的。

而对自然选择的描述，达尔文则采用了“拟人化”的手法：

换句话说，自然选择每日每刻都在满世界地寻找着哪怕是最轻微的每一个变异，清除坏的，保存并积累好的；随时随地，一旦有机会，便默默地、不为察觉地工作着，改进着每一种生物跟周围环境之间的关系。我们看不出这些处于进展中的缓慢变化，直到时间之手标示出悠久年代的流逝。然而，我们对于久远的地质时代所知甚少，我们所能看到的，只不过是现在的生物类型不同于先前的类型而已。

全书最后一段开头对生物多样性的“白描”，读来十分精彩、栩栩如生：

凝视纷繁的河岸，覆盖着形形色色茂盛的植物，灌木枝头鸟儿鸣啭，各种昆虫飞来飞去，蚯蚓爬过湿润的土地。

他在描述生命之树理论时，所用的比喻和隐喻以及处理文字的声韵和节奏的老道，不输于任何一位维多利亚时代的文豪：

同一纲中的所有生物的亲缘关系，有时已用一株大树来表示。我相信这一比拟在很大程度上道出了实情。绿色的、生芽的小枝可以代表现存的物种；往年生出的枝条可以代表那些长期以来先后灭绝了的物种。在每一生长期中，所有生长着的小枝，都试图向各个方向分枝，并试图压倒和消灭周围的细枝和枝条，正如物种以及物种群在生存大战中试图征服其他物种一样。主枝分为大枝，再逐次分为越来越小的枝条，而当此树幼小之时，主枝本身就曾是生芽的小枝；这种旧芽和新芽由分枝相连的情形，大可代表所有灭绝物种和现存物种的层层隶属的类群分类。

当该树仅是一株矮树时，在众多繁茂的小枝中，只有那么两三根小枝得以长成现在的大枝并生存至今，支撑着其他的枝条；生存在遥远地质年代中的物种也是如此，它们之中极少能够留下现存的、变异了的后代。自该树开始生长以来，许多主枝和大枝都已枯萎、折落；这些失去的大小枝条，可以代表那些未留下现生后代而仅以化石为人所知的整个的目、科及属。诚如我们偶尔可见，树基部的分叉处生出的一根细小柔弱的枝条，由于某种有利的机缘，至今还在旺盛地生长着；同样，我们偶尔看到诸如鸭嘴兽或肺鱼之类的动物，通过亲缘关系，在某种轻微程度上连接起生物的两大分支，并显然因为居于受到庇护的场所，而幸免于生死搏斗。由于枝芽通过生长再发新芽，这些新芽如若生机勃勃，就会抽出新枝并盖住周围很多孱弱的枝条。所以，我相信这株巨大的"生命之树"的代代相传亦复如此，它用残枝败干充填了地壳，并用不断分杈的、美丽的枝条装扮了大地。

达尔文极善于把深刻的哲思化作充满浪漫主义色彩的文学遐想。在下面这段话中，他不仅不以现生物种（包括人类）并非是上帝创造出来的高贵产物而自卑，反而为我们来自远古低等动物这一启示而倍感自豪。尽管我们的祖先种类看起来可能曾是十分卑微的，但生物演化使它们的直系后代已变得面目全非、焕然一新。同样，我们的后裔也定将会“旧貌换新颜”：

当我把所有的生物不看作是特别的创造产物，而把其视为是远在志留系第一层沉积下来之前就业已生存的少数几种生物的直系后代的话，我觉得它们反而变得高贵了。以过往为鉴，我们可以有把握地推想，没有一个现生的物种会将它未经改变的相貌传至遥远的将来。

显然，达尔文眼里的生命世界，远不像有些人描绘得那样残忍和黑暗。恰恰相反，在他乐观主义的笔触下，生命世界显露出十分光明的前景；由于自然选择是生物演化的主要推动力，正像 20 世纪 80 年代一首流行歌曲所唱的那样，“我们的未来充满阳光”：

我们可以稍有信心地去展望一个同样不可思议般久长的、安全的未来。由于自然选择纯粹以每一生灵的利益为其作用的基点与宗旨，故所有身体与精神的天赐之资，均趋于走向完善。

在《物种起源》全书的结尾处，达尔文用颇具诗意的文字，把他的科学论断推向了生命礼赞交响曲的高潮（crescendo）。书末这句最为人们频繁引用的话，简直是神来之笔：

生命及其蕴含的力能，最初注入到少数几个或单个类型之中；当地球按照固定的引力法则持续运行时，无数最美丽、最奇异的类型，就是从如此简单的开端演化而来、并依然在演化着；如此看待生命，何等宏伟壮丽。

记得著名达尔文学者乔治·莱文曾发过此番高论：如果让我们

来评选 19 世纪最重要的英语文学作品的话，恐怕不会是狄更斯和乔治·艾略特的小说，也不会是华兹华斯的诗歌，而是达尔文的《物种起源》！我想，无论你是否同意莱文的这一观点，但美国作家亚当·高普尼克所描述他初读《物种起源》时的情景，却总是令我每次重读这本书时感同身受：

我是在夏日的海滩上第一次读《物种起源》的……那就像打了一针维多利亚幻觉剂，眼前的整个世界突然活跃起来，一切都开始移动，以至于沙滩上海鸥和矶鹞之间的相像，突然变得不可思议般地活泛起来，变成了一个躁动整体的一部分，鸟类的巨型蜥蜴远祖们，宛若幽灵一般萦绕在它们的上空。先前看似一成不变的孤寂的海洋和沙滩，蓦然复活，融入无尽的变化和运动之中。这是一本让整个世界颤动的书。

颇有点耐人寻味的是，达尔文在晚年所写的《自传》中，曾做如下夫子自道：直到 30 岁前后，各类诗歌（比如弥尔顿、格雷、拜伦、华兹华斯、柯勒律治以及雪莱）曾给我极大的乐趣；即便在学童时代，我对莎士比亚（尤其是其历史剧）也兴致极高。但自那以后的很多年来，我连一行诗也读不进去；最近我试图翻阅莎士比亚，却感到不忍卒读、令人恶心。另一方面，多年来小说一直是我消遣娱乐的读物；窃以为，小说是颇具想象力的文艺作品，尽管未必多么高档。我对小说家们常怀感激之心。

我想，达尔文在后半生中，把全部精力都放在科学研究上，逐渐失去了当年的“文青”风采。值得一提的是，在他风华正茂之年登上小猎犬号战舰时，随身携带的有限几本书中，就有弥尔顿的《失乐园》；而且在环球科考途中时常抽暇吟读。正是他年轻时打下的良好文学基础，才使得他在写作《物种起源》时得心应手，驾驭文字上能够游刃有余。因此，《物种起源》也不失为一部文学佳作。

2017年
4月5日

本文以“达尔文与《小猎犬号航海记》”为题，原载于《中华读书报》。

达尔文的环球科考

——《小猎犬号航海记》序

《小猎犬号航海记》的由来

在达尔文的诸多著作中，有三部世所公认的经典：《小猎犬号航海记》《物种起源》以及《人类的由来与性选择》。尽管《物种起源》是达尔文最负盛名的扛鼎之作，《小猎犬号航海记》却是青年达尔文的成名之作。此外，《小猎犬号航海记》还是达尔文的得意之作，以至于达尔文晚年提起此书时，依然津津乐道、情有独钟，自称是他著述生涯喜得的“头胎”（the first born），在他的所有著作中将其视为至爱而自珍。

颇有意思的是，该书最初（1839 年 5 月）问世时，是四卷本官方考察报告中的第三卷，第一、二卷则出自菲茨罗伊舰长之手，而第四卷是冗长的、与前三卷相关的注释与附录。达尔文所著第三卷的原书名是:《菲茨罗伊舰长领航小猎犬号战舰环球之旅期间所访各国的博物学与地质学研究日志》(*Journal of Researches into the Natural History and Geology of the Countries Visited during the Voyage round the World of H.M.S. Beagle under the Command of Captain Fitz Roy, R.N.*)。达尔文作文行事一向喜欢面面俱到，撰写书名也不例外;《物种起源》一书的原名，同样冗长得令人惊叹。

不过，由于达尔文在《小猎犬号航海记》中不仅记载了所访各国的博物学新知，而且描述了那里的地理风貌、风土人情以及达尔文本人的心路历程，这本书语言生动活泼、读来引人入胜，无疑是这套书中最为出彩的一卷，出版后即刻获得巨大成功。鉴于此，该套书的出版商抓住了商机，未经达尔文同意，便将第三卷抽出来，改用《小猎犬号航海记》这一书名，于同年晚些时候出版了单行本，以满足维多利亚时代的英国人对位于天涯海角的治外领地的好奇心。果不其然，《小猎犬号航海记》迅速成为畅销书，达尔文也因此而一举成名。值得一提的是，达尔文对出版商未经其允许而出版此书、事后也没有付给他版税的做法，从未予以追究。这固然与达尔文向来息事宁人的处世之道不无关系；但以我之心度达翁之腹，窃以为，对“不差钱”的达尔文而言，更可能是出于此种心理：吾已成名卿获利，双赢之事皆欢欣。故没有必要去锱铢必较、与出版商对簿公堂了。

达尔文的“贵人”

常言道，人生在世若有所作为，必须得有贵人相助。那么，达尔文的贵人则无疑是他在剑桥大学求学时的良师益友——植物学教授亨斯洛先生了。剑桥大学原本是以培养神职人员著称的，但恰巧在达尔文入学之前，学校里涌现了一批具有广泛自然科学背景的年轻教授。亨斯洛教授即是其中的一位，他是百科全书型的学者，一度还曾担任过矿物学教授。他在剑桥乃至伦敦科学界的人脉很广。酷爱博物学的达尔文很快得到了亨斯洛教授的青睐，并通过亨斯洛教授结识了不少当时的知名学者以及一帮志同道合者。更重要的是，他从亨斯洛教授那里学到了两招“绝活”，使他受益终身：一是从长久、连续、细微的观察中综合出理论；二是不厌其烦地做系统性的考察笔记。

达尔文在剑桥的最后一年，以极大的兴趣反复阅读了德国博物学家洪堡的《南美旅行记》，被书中描述的加那利群岛的美丽风光与自然景观所深深陶醉。他鼓动亨斯洛教授及一帮同学，计划在剑桥毕业的那个暑假去加那利群岛实地考察。尽管亨斯洛教授为其热情所感染，同意前往，但毕竟同学中像达尔文这样既有钱又有闲的人寥寥无几，这一计划并未实现。

考察加那利群岛计划的流产，对于达尔文来说，真可谓“塞翁失马焉知非福”。亨斯洛教授转而介绍达尔文跟随剑桥的地质学教授塞奇威克去北威尔士做暑期地质考察。塞奇威克是英国当时最负盛名的地质学家与地层古生物学家之一，寒武纪就是他命名的。初学地质便遇上这样的名师，达尔文是何等幸运啊！亨斯洛教授这样做显然也是经过深思熟虑的：他深知达尔文是块博物学家的好材料，并业已掌握了动植物标本的采集、鉴定与分类方面的许多知识、显露出特殊的才华，但他在地质学方面还需要恶补一番。回过头去看，这无疑是替达尔文日后的环球之旅做准备啊！

1831 年暑假在他的北威尔士地质考察之后匆匆结束了，此时的达尔文在同龄人当中，无疑已是最优秀的博物学人才了。然而，若是按照他父亲的预先安排，达尔文今后将在乡间小镇做牧师和业余博物学家而了此一生了。出乎意料的是，他从北威尔士考察归来回到家中，发现他的贵人的一封信正等着他——馅饼又从天而降！

亨斯洛教授在信中告诉达尔文，他已经推荐达尔文作为菲茨罗伊舰长的私人伙伴与博物学家，加入小猎犬号的环球考察之旅。达尔文读完信，自然是喜不自禁。然而，其后颇经过了好几番周折，才终于在 1831 年 12 月 27 日这一天，随着小猎犬号战舰启航成行，踏上了他历时近 5 年的科考征程。若不是亨斯洛教授的举荐，达尔文肯定不会有这种机会的。

不特此也。在达尔文随小猎犬号环球科考的 5 年期间，亨斯洛教授留在剑桥、志愿做达尔文的“业务代理”以及“事业经纪人”。由于达尔文是自费参加科考，因此他采集的大量动植物、化石及岩石珍稀标本，都属于他的私人藏品。即令在今天，博物学在很大程度上仍然属于“材料”科学，谁占有“材料”，谁才可能做相关的研究工作，也才可能有发言权。达尔文把他采集的标本沿途陆续托运回剑桥，都是亨斯洛教授代为接收、开箱、分类保管，并提前与伦敦的有关专家、学者联系，事先为达尔文牵线搭桥。这样一来，达尔文在返英之前，即为英国地学界和博物学界的一流学者们所知，大家都翘首盼望他的归来，以便与其合作研究这些重要的标本。细想一下，一个 30 岁不到、自学成才的毛头小伙子，归来后能迅速跻身等级分明的伦敦学术精英行列，个中原因即在于此。所以，达尔文晚年回顾自己一生时，曾感慨地说，“是亨斯洛教授成就了我的今天”。

地质学家达尔文

长期以来，达尔文的名字是与《小猎犬号航海记》与《物种起源》密不可分的。因此，究竟是达尔文成就了这两本书、还是这两本书成就了达尔文，反倒成了鸡与蛋的问题。因为航海二字，一般人以为达尔文那 5 年中大多时间生活在小猎犬号战舰上；由于《物种起源》，一般人心目中的达尔文，主要是生物学家。事实上，在环球科考的近 5 年间，达尔文生活在小猎犬号战舰上的时间，总共只有 533 天，其余时间都在陆地上考察。而他在成为生物学家之前，主要身份则是地质学家。他环球科考归来不久，即加入伦敦地质学会并很快被选为学会理事。

故此，在达尔文环球考察回来后的很长一段时间内，他本人也是以地质学家的身份自况的。19 世纪上半叶是英国地质学发展的黄金时代，达尔文环球科考在地质学方面的贡献是巨大的，他细致缜密的野外地质观察以及他所采集的化石与岩石标本，至今还很有价值；他的珊瑚礁成因理论于今依然成立；他对南美古哺乳动物化石的研究，启发了他对地史上生物绝灭现象以及物种可变性的正确理解。

而这一切，并不是他行前跟随塞奇威克在北威尔士做短期地质考察所受的训练就能达到的。他在环球之旅期间认真研读了莱尔的新著《地质学原理》，并把书中的原理运用到他的环球考察实践中，用达尔文自己的话说，就是“部分地用莱尔的眼光来观察世界”。尽管莱尔写作此书时，他的经验和观察只局限在大不列颠，达尔文却把莱尔的真知灼见放到了全球地质框架中来考量和验证。

作为地质学家的达尔文，其贡献不仅仅在于标本采集以及野外观察，更主要的在于他能把野外观察的现象与问题跟抽象的理论与因果关系紧密联系起来，他的这种见微知著、由表及里的技能，是把亨斯洛教授在剑桥传授给他的绝活，发挥得淋漓尽致的结果，甚至于达到了炉火纯青的地步。譬如，他后来把莱尔《地质学原理》中的将今论古的原理以及均变说，巧妙地运用到生物演化论之中，把物种在空间与时间分布上的变化，进行举一反三的类比，足以展现达尔文的过人之处。

也正因为如此，《小猎犬号航海记》中讲述地质学的内容比讲述生物学的还要多。该书为我们了解世界为什么会是今天这个样子，提供了有益的思考与生动的例证：

听居民们议论我收集的贝壳化石也很好笑，言谈用语几乎跟在上个世纪的欧洲似的，即它们是否“天生如此”。我在这个地区的地质考察工作让智利人非常惊诧。他们说什么也不相信我不是来找矿的。这有时候很让人困扰。我发现解释我的工作最好的办法是反问他们，怎么会对地震和火山不感兴趣呢？为什么有些泉水是热的、有的却是冷的？为什么智利有高山而拉普拉塔连山丘都没有？这些直截了当的问题很快就让大多数人满意并哑口无言，不过总有一些人（就像英格兰那些落后一百年的个别人）认为探索这些问题都是无益的，而且不虔诚，知道群山是上帝造的就够了嘛。

生物学家达尔文

这个小籽鹬与其他一些南美鸟类也是近亲。阿塔奇属（*Attagis*）的两种鸟的习性几乎方方面面都跟雷鸟（ptarmigans）相同，其中一种生活在火地岛的森林的树线以上，而另一种在智利中部的安第斯山脉接近雪线的地方。另一个近缘属的白鞘嘴鸥（*Chionis alba*），则是南极地区的居民，以潮汐岩上的海草和贝壳为生。由于不为人知的习性，虽然趾间没有脚蹼，白鞘嘴鸥却经常出现在远离陆地的海上。这个小小的鸟科，与其他鸟科的关系错综复杂，目前只是让致力于分类学的博物学家头疼，但最终可能有助于揭示造就古往今来所有生物的宏伟蓝图。

书中类似上述的描记俯拾皆是，作为生物学家的达尔文，与其地质学家身份一样，不仅是优秀的野外工作者，更是第一流的理论家。尽管在整个环球科考期间，他对以自然选择为机制的生物演化论尚未形成成熟的想法，但从《小猎犬号航海记》中，我们已随处可见他追寻这一思路的端倪：

这些岛屿的自然史非常有意思，绝对值得关注。大多数的生物都是土著种类，在别处找不到；甚至不同岛上的生物彼此也不一样；但又都与美洲的动植物之间有明显的亲缘关系，虽然被海洋隔开了五六百英里。群岛自成一个独立王国，或者可以说成是美洲的卫星，从那里衍生出了几个流浪的殖民物种，并获得了本土植物的大致特征。岛屿面积这么小，土著生物的数量却极多，而其分布范围又极小，这着实让人震惊。因为每个山头都有火山口，而且大多数熔岩流的边界仍然清晰，我们不得不相信，在很近的地质年代内，这里还是一片汪洋大海。因此，从空间和时间上，我们似乎都更加接近那个伟大的真理，所谓奥秘中的奥秘，即新物种在这个地球上的首次出现。

诚如达尔文在《物种起源》的"绪论"中开宗明义地指出：

作为博物学家，我曾随贝格尔号皇家军舰，做环游世界的探索之旅，此间，南美生物的地理分布以及那里的今生物与古生物间地质关系的一些事实，深深地打动了我。这些事实似乎对物种起源的问题有所启迪；而这一问题，曾被我们最伟大的哲学家之一者称为"谜中之谜"。归来之后，我于 1837 年就曾意识到，耐心地搜集和思考各种可能与此相关的事实，也许有助于这一问题的解决。

这些事实在《小猎犬号航海记》中都有生动的描述，包括：他在巴塔哥尼亚挖掘的哺乳动物化石，以及将其与现生近缘种类的对比、南美两种大小不同鸵鸟地理分布型式，以及加拉帕戈斯群岛的达尔文地雀与陆龟等等。

总之，时至今日，每当我们阅读《小猎犬号航海记》时，依然感到其内容与文字的灵动与鲜活，一点也不像是近180年前的“古书”。与《物种起源》一样，《小猎犬号航海记》在近180年间从来没有绝过版，一直印行、一直长销，也一直为人们所阅读和谈论着。

一本妙趣横生的书

除了我前面谈到的历史意义与理论意义之外，《小猎犬号航海记》首先是一本妙趣横生的书。它记录了一个失去的世界：达尔文环球考察发生在工业革命之前，那时候没有飞机、更没有互联网，与今天的地球村大相径庭。相对于欧洲，那时的南美与澳大利亚大陆即是世外桃源，《小猎犬号航海记》记述的风土人情，宛如人类社会的“侏罗纪公园”，倘若现在或将来你有机会造访这些地方的话，你再也看不到达尔文所描述的彼情彼景了：

头天晚上，我们住在一个僻静的小村舍。我很快发现，我带的两三件东西，尤其是袖珍指南针，让人惊讶无比。家家户户都让我把指南针拿出来给大家看，并借助它在地图上指出各个地方的方向。他们对我敬佩有加，因为我一个陌生人，来到一个陌生的地方，居然认识路（方向和道路在这个乡下是同义词）。一个卧病在床的年轻女人，也特地请我去让她瞧瞧指南针。他们觉得我奇怪，我看他们更吃惊：这些拥有成千上万头牛和巨大的“庄园”的人们竟然如此愚昧无知。唯一的解释是这个偏僻地区很少有外人来访。他们问我，地球或太阳会不会转动、北方是更热还是更冷、西班牙在哪里，等等诸如此类的问题。大部分居民都含含糊糊地认定英格兰、伦敦和北美是同一个地方的不同叫法；有点知识的人却知道伦敦与北美是比邻的独立国家，而英格兰是伦敦的一个大城市！

在黑奴制废除已久的今日之巴西，当地黑人若遭遇外来的白人访客，再也不会显得这般俯首帖耳、惊恐万状了：

我当时跟一个黑人一起坐渡船过河。这人蠢笨到了极点。为了让他明白我的意思，我边大声说话，边打手势，结果巴掌差点碰到他的脸。我猜，他见我这么激动，就以为我想打他。他满脸惊恐，半闭上眼睛，赶紧把双手垂下来。我永远不会忘记我感受到的吃惊、厌恶和羞耻：这么高大强壮的一个人，竟然不敢抵挡他以为会冲他脸而去的一拳。这个男人已经被调教得比一个受驾驭的牲口都低贱了。

一般说来，达尔文的著述并不以幽默见长；但当我们读到下面这段文字时，总会情不自禁地会心一笑：

使用拉佐索或流星索的最高难之处是骑术要好，在全速前进并突然转身时，拉佐索或球在头上仍然抡得稳稳的，还可以瞄准。徒步的话，这个技巧谁都能很快学会。有一天，我自娱自乐练习疾驰中把球在头上抡圆时，转动的那个球意外地撞上了一簇灌木，立即停止旋转，落在地上，又突然间像变戏法一样，缠住了我的马的后腿。另外那个球旋即从我的手里被拽出去，马就被捆牢了。幸好这是一匹有经验的老马，知道是怎么回事，没有不停地乱踢把自己摔倒。高乔们轰然大笑，他们大声嚷嚷，说见过捉任何动物，但还从没有见过人把自己给捉住了。

上面显然是青年达尔文调皮举动的瞬间定格，下面则记述了他在加拉帕戈斯群岛骑着陆龟玩儿的经历，读来令人忍俊不禁：

最好玩的是，追上一个这么慢慢踱步的大怪物时，看它在我超过的瞬间，如何突然把头和腿缩进壳里，发出一声深沉的嘶嘶声，然后轰然伏地，好像被击中而亡。我经常爬到它们的后背上，在龟壳尾端拍几下，它们就会站起来接着走，但我发现很难保持平衡。

读过《物种起源》的读者，很难想象出下面这段文字竟是出自同一人之手：

现在来看看这几年的光明面。从观赏各个国家的风景和总体印象而获得的快感，绝对是最可靠和最大的享受。欧洲许多地区的如画美景极有可能超过我们沿途任何地方所见，但更多的快感源自比较不同国家的风光特色，这与单纯地欣赏某地的美丽，在一定程度上是不同的。这主要取决于对每处风景的各个细节的熟悉程度。我绝对相信，如同音乐，懂得每一个音符的人，如果他还拥有恰当的品味的话，更能欣赏全曲；同理，能够欣赏美景的每一部分，就能更深刻领会其全面及综合的效果。因此，一个旅行家应该是一个植物学家，因为所有的风景中，植物都是最主要的装饰。一大堆光秃秃的岩石，即使有最桀骜不拘的形状，初看或壮观无比，但很快就变得单调。赋予鲜艳多变的色彩，如在智利北部地区那样，它们就显得奇妙了；再披上植被，它们就必然会有姿有色，即使还算不上美景。

让我们再来看看达尔文对广阔无垠的大海的礼赞吧：

只有在这个伟大的海洋里航行过的，才能领会到它的浩瀚无边。连续几个星期的快速航行中，我们一无所见，除了这一成不变的、蔚蓝幽深的海洋。即使驶入一个群岛之中，岛屿也就像一个个的斑点，而且彼此离得远远的。习惯了看比例缩得很小的地图，上面点、面和名字都挤在一起，我们无法正确地判断陆地与这广袤无垠的大洋相比多么微不足道。

两部经典　交相辉映

《小猎犬号航海记》与《物种起源》是达尔文所著的两部交相辉映的不朽经典。由于两部书的内容性质不同，写作风格也迥异。尽管达尔文一生著作等身，但他却说："我从未受过文体的训练，我写作时，只是先把材料在脑子里尽量理清，然后用我能够随手拈来的普通语言表达出来而已。"窃以为，达尔文的这番夫子自道，既是谦辞，也是实情。我发现，在这两部风格迥异的书中，达尔文所受弥尔顿《失乐园》的影响时隐时现：从"生命之树"到"纷繁的河岸"，从"岛屿也就像一个个的斑点"到"连风都比地壳稳定啊"。

作为一个西方古典音乐资深发烧友，我常常爱拿音乐来作类比；在我看来，倘若把《物种起源》比作气势恢宏的瓦格纳大歌剧的话，《小猎犬号航海记》恰似普契尼的《蝴蝶夫人》或威尔第的《茶花女》；抑或把《物种起源》比作贝多芬的第九交响曲（《欢乐颂》）或马勒第八交响曲（《千人交响曲》）的话，那么《小猎犬号航海记》就像莫扎特的一组组玲珑剔透的即兴钢琴小品。若从文字风格上比较的话，我会不揣冒昧地用我所喜爱的两位盛唐诗人作比：《物种起源》好比杜子美的"繁枝容易纷纷落，嫩蕊商量细细开"那样谨严内敛，而《小猎犬号航海记》则宛如李太白的"天生我材必有用，千金散尽还复来"一般豪放不羁。总之，无论从科学角度还是从文学角度出发，达尔文的这两部经典都值得我们一读再读、仔细玩味。

最后，我想借机至为荣幸地介绍一下本书译者陈红女士。我与她虽然从未谋面，却又似乎心仪、相知很久。我们是很多年前在网上结识的文友，她 1980 年代末毕业于北京大学生物系，旋即留美，在美获生物学博士，其后一直在波士顿地区从事医学生物学研究。跟我一样，她也是达尔文门下的“走狗”。她最初引起我的注意，是由于她博览群书、才思敏捷，而且英文写作流畅、地道。因此，当译林出版社寻找《小猎犬号航海记》译者时，我便毫不犹豫地推荐了她。尽管此前我并未见过她的中文文字，但我深信，一个母语不好的人，其外语水平绝对好不到哪里去。当我读罢她的部分译文初稿时，心中喜悦之情油然而生。我前面引述的《小猎犬号航海记》的一些段落便摘自该书，她译笔的灵秀与精湛，读者自可藉此评判，就无需我絮絮叨叨了。

“读书之乐何处寻？数点梅花天地心。”我深信本书一定会给读者们带来类似的阅读体验。

2020年
12月18日

本文为《蚯蚓活动带来腐殖土的形成以及蚯蚓行为之观察》(北京大学出版社)一书的导读。

达尔文的蚯蚓

——《腐殖土与蚯蚓》序

《蚯蚓活动带来腐殖土的形成以及蚯蚓行为之观察》(简称《腐殖土与蚯蚓》)是达尔文生前出版的最后一本书(1881)。次年,达尔文因心脏衰竭,在家里辞世,故该书也成了他的“天鹅之歌”。

尽管该书的书名跟他的其他著作同样冗长,但比起他的许多大部头艰深巨著来说,这是一本可以让人轻松愉快、一口气读下来的“小书”。按照时下的流行说法,这是一本名副其实的“大家小书”。

达尔文在《腐殖土与蚯蚓》的引言中开宗明义地写道:“‘法不责小过’这一金律并不适用于科学”。他深知,科学研究对象没有大小轻重之分。事实上，他一生中研究过无数很不起眼的小动物：蜜蜂筑巢、蚂蚁搬家、甲虫分类。他曾花了 8 年时间潜心研究藤壶，而他对蚯蚓的兴趣，从他环球科考归来到临终的前一年，长达 44 载。显然，在他眼里，生物界“无数最美丽与最奇异的类型”中，不存在无足轻重的研究对象。尽管通过自然选择的生物演化论是他诠释生命演化精彩大戏的核心内容，达尔文对上述这些“跑龙套”的小角色，却一点儿也不“小瞧”。无独有偶，胡适先生也说过，做学问没有高低贵贱之分，训诂一个字，跟发现一颗行星同样有意义。

有意思的是，蚯蚓最早引起达尔文的注意，还得归功于他舅舅（也是他未来的岳父）。达尔文小时候经常到舅舅家去玩；有一次，他舅舅告诉他一件有趣的事：多年前散落在舅舅家草坪上的各种碎屑和小玩意儿，后来在草坪下几英寸深的土壤里发现了。他舅舅怀疑这是蚯蚓们干的。此外，草坪上经常会出现很多蚯蚓的粪便，有碍观瞻。这件事当初就激起了达尔文的好奇心，但由于种种原因，直到他环球考察归来，才开始琢磨这档子事。1837 年，他在伦敦地质学会宣读了珊瑚礁成因的论文，半年后又宣读了有关蚯蚓改造土壤的论文。他的同事们当时对其蚯蚓论文的反应比较冷淡，盖因他们更想听达尔文报告环球科考的重大发现。所幸著名地质古生物学家、伦敦地质学会前主席巴克兰教授高度评价了达尔文的蚯蚓论文，称其为“解释地表普遍而重要现象的新的重要理论”，赞扬达尔文实际上发现了“改造地貌的一种新力量”。因此，达尔文的这篇报告，得以在次年（1838）的《伦敦地质学会会志》上正式发表，成为达尔文早期的科学论文之一。

时隔 40 多年，达尔文的身体状况江河日下；但“烈士暮年壮心不已”，他依然深爱着研究工作、深爱着大自然和博物学。由于他从来不需要从事谋生的工作，因而他从来也没想到需要过上悠闲的退休生活。不过，像大多数芸芸众生一样，期望老之将至，落叶归根；

达尔文此时也无心意在云天了，而是要贴近大地——毕竟那里才是我们的最终归宿。正如他向好友胡克先生抱怨的那样：我所剩时日已不多，“党豪斯”的墓地现在于我而言，便是地球上最甜蜜的地方了。因而，他开始把科研注意力转向身边的家园、转向脚下的热土。他决计重新审视年轻时所研究过的，而且终生未能忘情的“老朋友”——蚯蚓，进一步详细研究它们的生理与习性以及它们活动的地质学意义。到了最后的日子里，他实在无力亲自到院子里“工作”了，只好请爱子佛朗克帮他一些忙。达尔文在科研活动上，真正做到了鞠躬尽瘁死而后已。

值得指出的是，与他此前的许多其他著作相比，《腐殖土与蚯蚓》一书的行文轻松诙谐易读，是他所有书中最为畅销的著作之一；尽管在出版之前，他曾心有疑虑：这种小众书会有多少人感兴趣呢？达尔文的行事风格总是对做任何一件事事先都要经过深思熟虑；连自己是否要结婚这种事儿，他都曾列出单子来，以权衡其利弊。在是否写作这本书的考量上，他最后得出的结论是：我自己感兴趣！可是，后来的事实表明：这是一本大受欢迎的书。不仅在问世后几年之内连续加印数次，而且为达尔文“圈粉”无数。他的很多读者粉丝纷纷写信给他，讲述自己的蚯蚓故事：他们的观察、想法，包括提出一些“十分可笑”乃至于“白痴般”的问题，令达尔文读后乐不可支。

此外，《腐殖土与蚯蚓》受到了书评界的一致好评。该书是1881年10月出版的，其后两个月间，英美众多媒体纷纷刊发书评。比如，《伦敦科学院》刊载书评称：“达尔文先生这一重磅力作内容丰富，充分彰显了他的过人天赋。这是出自他笔下的又一经典……其魅力之一是极为通俗易懂……该书实属雅俗共赏之作，每一页都趣味无穷。”《星期日书评》则称：“达尔文先生这本关于蚯蚓习性和本能的小书，一如他以前的皇皇巨著，观察独到，对事实的解释令人信服，得出的结论无懈可击……所有博物学爱好者们都应该感谢达尔文先生的贡献，他使我们对被长期忽略的蚯蚓结构与功能，获得了十分有益且非常有趣的新知。”连《纽约画报》都刊载了这本书的书评，赞扬“作者的细微观察揭示了微小蚯蚓的集体力量足以改变宏伟的地球外貌，令人读后耳目一新、心悦诚服。”类似的不吝赞美之词还见于当时的更多主流媒体，包括《布鲁克林时报》《纽约世界》《波士顿导报》等。还有书评人特别指出，这本书读来完全不像是高冷、深奥的科学著作，而像是一本娓娓道来的言情小说。此后，报刊上许多关于达尔文的卡通画，都离不开蚯蚓缠绕其身，该书的流行程度由此可见一斑。更有意思的是，该书意想不到地畅销，令他的出版商欣喜不已；距该书出版还不到一个月的 1881 年 11 月 5 号，出版社一位秘书致信达尔文，兴奋地写道：“我们已经卖了 3 500 条蚯蚓！”（指业已销售了 3 500 册书）

读这本小书最令我感到愉悦之处，在于字里行间所展示的贯穿于作者一生的见微知著的洞察力，以及他对细枝末节不厌其详的生动描述：

> 蚯蚓在吞土之后，无论是为了钻洞还是取食，不久便会冒出地面排泄。排出来的土与肠内分泌物充分混杂，因而呈黏稠状。干燥后即慢慢变硬。我观察过蚯蚓排泄土的情景：当土呈液状时，排泄时是一小股一小股地喷射出来的；当土不那么稀的时候，是缓慢蠕动般排出的。排泄也不是无序的，而是有规律的，先排在身体一侧，然后在另一侧；尾巴几乎当作镘用。当排出的土堆成一小堆时，为安全起见，蚯蚓明显地收缩尾部；土状排泄物堆积在先前排出的稀软的排泄物之上。在相当长的时段内，同一个洞口用于同一目的。

初读之时，你也许会觉得达尔文絮絮叨叨；但一路读下来，你会慢慢地感到他对蚯蚓钟情到十分可爱的地步，及至掩卷沉思，忽然发现他老人家在不温不火的文字下面，深藏着诸多微言大义！毕竟这是他的临终之作，吐出了他一生的胸中块垒、凝聚了他的深刻感悟与睿智——这是一本十分有趣、值得反复阅读的书。

首先，作者在本书中有个没有道明的“隐义”，即彰显“均变论”的“放之四海而皆准，传至千秋也是真”。自从他登上小猎犬号战舰、开始阅读菲茨罗伊舰长赠送他的莱尔《地质学原理》（第一卷）开始，就对“均变论”深信不疑：眼前观察到的涓涓细流般的微小变化，经过长期积累，便能引起天翻地覆的巨变。以至于他将其运用到自己的生物演化论之中：

自然选择每时每刻都在满世界地审视着哪怕是最轻微的每一个变异，清除坏的，保存并积累好的；随时随地，一旦有机会，便默默地、不为察觉地工作着，改进着每一种生物跟有机的与无机的生活条件之间的关系。我们看不出这些处于进展中的缓慢变化，直到时间之手标示出悠久年代的流逝。然而，我们对于久远的地质时代所知甚少，我们所能看到的，只不过是现在的生物类型不同于先前的类型而已。

事实上，达尔文曾在回答费舍先生质疑他的有关蚯蚓对于腐殖土形成所起作用的文章中写道：

此处我们再次看到了人们对连续渐变积累的成效视而不见；一如当年地质学领域所出现的情形，以及新近对生物演化论原理的质疑。

显而易见，达尔文理论跟莱尔“均变论”一样，都建立在无数微小变化经过无限长时间积累而产生的从量变到质变的基础之上。在《腐殖土与蚯蚓》一书中，达尔文再次用细致入微的观察和生动流畅的笔触，向读者展示：不计其数微不足道的蚯蚓，在我们的脚下，整日整夜默默无闻地“耕耘”，历经千百万年，改造了土壤、改变了地貌、甚至掩埋了废墟、保存了文物。了解这些之后，谁还能忽视蚯蚓“蚂蚁搬山”般的伟大力量呢？

其次，重读《腐殖土与蚯蚓》，令我再次惊叹达尔文不仅是卓越的观察者，而且是极为有趣的实验者（他曾自嘲地称自己设计的实验为“傻瓜的实验”）。他在书中描述了几个令人捧腹的例子：他让儿子对着花盆里的一窝蚯蚓吹巴松管，以检验它们的听力；还让早年在巴黎跟肖邦学过钢琴的妻子艾玛，弹钢琴给蚯蚓听，看它们是否会有什么反应……他甚至于喂蚯蚓各种各样的食物，最后发现它们最喜欢吃生的胡萝卜。

此外，他用剪成三角形的小纸片（代替落叶）以及折断后又重新用胶水粘起来的松针，来考察蚯蚓搬运它们入洞的方式，并试图以此检验蚯蚓是否具有判断力和智力。尽管他有关蚯蚓所选择的特定搬运方式是出自智力而非本能的结论，至今仍存争议，但是他的创新精神依然备受推崇。其实，书中引起争议的这一部分，也正是最受大众读者欢迎的部分，即达尔文认为蚯蚓具有一定的判断力和智力水平。达尔文观察到，蚯蚓会搬运一些落叶、松针或小树枝片段堵住它们的洞口，洞是圆柱形的，他认为如若是聪明的人类去拖树叶的话，一定会选择抓住狭窄的一端拖进圆形洞口，但倘若拖曳细棒状的松针、小树枝等，一定会选择抓住比较粗重的一端拖进圆形洞口。而蚯蚓恰恰是这样干的！因此，他推论：当蚯蚓在它们的洞口附近，“选择”落叶、松针或小树枝碎片时，并“决定”用上述搬运方式将其拖入洞口时，一定经过了“判断”、“试验”才做出的“决定”——这是实实在在的“决定”，而不是源于“偶然机缘”或“简单、盲目的冲动”。对当时的读者来说，这无疑是一种闻所未闻的“启示”：如此低等的动物，竟然这般聪明！一般认为，这也是

《腐殖土与蚯蚓》之所以顷刻畅销的“成也萧何”之处。

至于引起争议的“败也萧何”之处，是因为后来的研究者指出，达尔文的推论可能夸大了蚯蚓的智力水平。因为蚯蚓在解剖形态上，还没有脑部，故不可能有如此复杂的思维能力。有的演化心理学家则认为，我们不应该从“人类中心论”的视角去理解达尔文所说的“智力”，智力演化也是有起点的。在纪念达尔文诞辰200周年时，一个由德国与英国科学家组成的研究团队重新研究了这一课题，他们将蚯蚓与同属环节动物的表亲蚂蟥做比较研究，他们发现，蚂蟥属于进攻性的猎食（吸血）者，比蚯蚓有更为发达的感觉器官以及由神经节集合而成、发育良好的脑部。即令如此，也不应该说蚂蟥具有智力，其行为还是以本能为主；遑论蚯蚓了。看来争论双方都有一定的道理，可能关键在于如何理解和定义“智力”一词。总之，尽管这一争论尚未解决，这至少从一个方面显示达尔文研究的重要性。120多年后，他的蚯蚓研究还激发科学家们沿着他的足迹，继续探索研究这一课题，努力去证实或证伪他的结论。这在科研领域是何等地了不起啊！

值得强调的是，上述研究者们证实了这一事实：无论你是否同意他的结论，达尔文蚯蚓研究中的观察和实验，经过了无数次的检验，被证明是非常准确、无可挑剔的。这正是达尔文作为一名杰出科学家非常了不起的地方。他曾经说过，错误的结论一般是无害的，因为后来者将会满腔热情地去批评你、纠正你，而错误的观察和数据才是贻害无穷的，因为它会把你以及后来者引入歧途。我曾在自己的博士论文中引用过这句话，后来成了自己科研生涯的座右铭。

正因为如此，达尔文的蚯蚓研究，如同他的所有研究一样，不仅使他成为这一领域的鼻祖，而且其研究成果经受住了漫长时间的考验。100多年后，为了配合达尔文故居“申遗”项目，英国某大学派出了一个研究团队，用新的手段重新研究了“党豪斯”周围的蚯蚓，其研究结果验证了达尔文当年的研究是极为扎实可靠的。同时，达尔文的研究还进一步启发了这一团队对当地蚯蚓的分类学和行为生态学的研究。除此而外，达尔文一直被现代土壤学家们尊为研究“土壤中生物扰动作用”（soil bioturbation）的先驱。土壤学家们公认，《腐殖土与蚯蚓》是土壤生物学与土壤生态学中里程碑式的开山之作，对于我们理解腐殖土的成因及其土壤生态学意义贡献巨大。

最后，我想指出，《腐殖土与蚯蚓》结尾一段话，与《物种起源》结尾一段话相映成趣，同样诗意般的语言显露了达尔文极高的文学造诣。这在他的著作中，是并不常见的。达尔文这样写，分明是在试图提请读者们回顾他在《物种起源》最后一段所提及的：

凝视纷繁的河岸，覆盖着形形色色茂盛的植物，灌木枝头鸟儿鸣啭，各种昆虫飞来飞去，蠕虫爬过湿润的土地；复又沉思：这些精心营造的类型，彼此之间是多么地不同，而又以如此复杂的方式相互依存，却全都出自作用于我们周围的一些法则，这真是饶有趣味。

显然，在如此众多精心营造的类型中，蚯蚓无疑貌似最不起眼的卑微者。但达尔文一向认为，“卑微”是“伟大”的基础。在一次与几位无神论者（其中包括后来成为马克思女婿的阿韦林）聚会的晚宴上，有人曾问他：您为什么会对蚯蚓这样“卑微”的动物产生如此大的兴趣？达尔文不假思索地答道：我已经研究它们的习性长达40年了，我们之间是一见钟情的“爱情”。无怪乎，达尔文在《腐殖土与蚯蚓》的结尾，曾用如此美妙的文字来深情地礼赞它们：

当我们眺望广袤的草原时，我们应该牢记，眼前的美景，主要应归功于蚯蚓缓慢地削平了大地的沟壑。想象一下，如此广阔的腐殖土层，每隔几年就通过了并仍将继续通过蚯蚓体内一次，这是何等地难以思议啊。耕耘一直被认为是人类最古老、最有用的发明之一，孰知远在人类出现之前，蚯蚓就已经在大地上辛勤“耕耘”许久了，而且还将持续耕耘下去。我很怀疑，还能有几种像蚯蚓这样的“低等”动物，在世界史上竟扮演了如此重要的角色。当然，还有更低等的动物（即珊瑚），在大洋之中建筑起无数的珊瑚礁和岛屿，完成了更加引人瞩目的工程，不过这些几乎都局限在热带地区。

是啊，身份卑微，却有如此翻天覆地的力量，世界上只有热带海域中的珊瑚虫可与蚯蚓比美了。而珊瑚虫造礁、建岛的“功业”，正是达尔文早期的重要地质学研究成果之一。因此，达尔文对“低端”生物的礼赞，是从头到尾贯穿其一生的。在当今崇尚精英、追捧明星的时尚下，难道我们不应该从阅读《腐殖土与蚯蚓》中引起反思吗？在我们飞速发展的现代城市美丽风景后面，隐没了多少像蚯蚓一般辛勤劳作、默默奉献的劳动者啊……

2020年
1月16日

原载于《中国科学报》。

成就达尔文一生功业的环球之旅

多年前阅读艾伦·摩尔海德（Alan Moorehead）的经典名著《达尔文与小猎犬号》时，对开头一段印象至深，于今难忘（大意如下）：

达尔文令人着迷处之一，在于他属于此类人中的一员，即：他们人生中无法预测、无比幸运的大逆转，全靠一次从天而降的狗屎运所致。此前的21年人生中，达尔文乏善可陈，未曾表现出任何过人的资质；机会骤降，祸福难测；但偏偏是天上掉下来的一张大馅饼（而且是一连串的馅饼），落到了他的手中——他从此青云直上、再未回头。此事看似不可避免、命中注定；事实上，在1831年，整个英伦，包括达尔文本人在内，谁也没想到过他会有无可估量的前程。而在达尔文病体缠身、功成名就的暮年，也几乎无人能从其身上窥见他当年踏上小猎犬号之际的“雄姿英发，羽扇纶巾”的公瑾形象。

诚然，没有富足的家庭背景、没有舅父和父亲的支持、没有剑桥大学的人脉、没有亨斯洛教授的举荐，达尔文根本就不可能有参加小猎犬号环球科考的机会，当然也就不会有他此行所采集的、至今仍珍藏在英国各大博物馆里的大量博物学标本，也就不会有《小猎犬号航海记》《物种起源》等传世经典，更不会有以自然选择为机制的生物演化论——现今生命科学的理论基石。因此，要说这一切都缘于幸运，自然也是不可否认的事实。达尔文本人在晚年也坦承，“小猎犬号环球科考是我一生中最重要的经历，并奠定了我整个学术生涯”；“是亨斯洛教授成就了我的今天”。

然而，幸运只是成功的助跳板；公平而论，达尔文之所以对人类认知做出了如此巨大的贡献，他个人的天赋才情、努力和勤奋，怎么强调也不为过。为了矫正摩尔海德论述的偏颇，只要用心地阅读译林出版社新版彩图全译本《小猎犬号航海记》即可。该书是青年达尔文的成名之作，不仅记载了所访各国的博物学新知，而且描述了那里的地理风貌、风土人情以及达尔文本人的心路历程。这本书语言生动活泼、读来引人入胜，出版后获得巨大成功；一百多年来长销不衰，并译成多种文字。它不仅是博物学经典，也是旅行探险文学经典。

没错儿，达尔文幸运地出生于富贵名门，一落地嘴里就含着个“银汤匙”。他原本一生可以尽享荣华，不必为饭碗发愁，无需看老板脸色，无需申请研究课题，无需为写论文而绞尽脑汁。然而，他比任何一位眼下在学术界“挣扎”的青椒都要勤奋。他 22 岁就背井离乡，离开舒适的“金窝”，冒着沉船的危险、忍受严重晕船的痛苦，远航“蛮夷”之地，充满无限不确定性，去探索一个未知的、奇怪的、比人们相信要古老许多的、光怪陆离的世界。打开《小猎犬号航海记》这本奇书，我们便可以跟随达尔文，一窥那个如今已远去的世界。达尔文沿途考察自然、阅读岩石，生动形象地记录所见所闻。西谚说“眼见为实”（Seeing is believing），读罢这本书，你才知道，达尔文究竟看到了多少东西！还有个中国成语叫“栩栩如生”，读这本书，你如同身临其境。诗意般的描述，重现达尔文眼中的世界。他曾说过，在环球科考期间，他是“部分地借助莱尔的眼睛观察世界”；而我们现在阅读《小猎犬号航海记》，则是通过达尔文的眼睛去观察那个我们无法企及的神秘世界。透过他年轻时清新的文字，我们能够“听取蛙声一片”：

白天的炎热退去，坐在花园里静静地看黄昏没入黑夜，如饮甘饴。这里大自然遴选的歌手比欧洲的更卑微一些。一个雨蛙属（*Hyla*）的小家伙，坐在离水面一英寸的小草叶上，送来悦耳的叫声。几个在一起时，它们就来一个多部合唱。我颇费了一番工夫才逮住一个做标本。这一属的雨蛙脚趾端有小吸盘，我发现它能爬上完全竖立的玻璃板。各种蝉和蟋蟀也噪声不断，但因离得比较远，倒也不难听。每晚天一黑，它们的大型演唱会就开幕了。我经常坐在那里聆听，直到我的注意力被飞过的一些稀奇古怪的昆虫吸引去。

通过达尔文的眼睛，我们还能看到萤火虫栩栩如生、欲从书页中飞出来的场景：

我发现这种萤火虫被刺激时发出的光最亮，随后腹部的光环会黯淡下来。身上的两个光环几乎同时发光，但会先察觉到身体前部那个的亮度。发光物质是很黏稠的液体；撕裂的皮肤伤口处会有小亮点继续闪烁，而没有受伤的部位变暗。把头去掉，光环会继续发亮，但没有那么明亮；用针刺激局部会增加亮度。有一次昆虫死后，光亮持续了近24小时。这些观察说明，这种昆虫只能短暂地掩藏或灭掉光环，其他时候是不自主地发光。我在泥泞潮湿的沙砾路上找到大量这种萤火虫的幼虫。它们的体型大致类似英国萤火虫的雌虫。这些幼虫可以发出微弱的光。与成虫不同，轻轻一碰，它们就假死，停止发光；也不因刺激而发光。

你能够用眼睛死死地盯着几只鹰，目不转睛地观察它们长达近半个小时吗？达尔文却能做到：

一群安第斯神鹰在某个地点一起盘旋时，其飞翔姿势非常美观。除了从地面起飞的时候，我从未见过它们扇动翅膀。在利马附近，我目不转睛地盯着几只鹰观察了近半个小时，它们划着弧线，一圈又一圈地升高降落，却不动一下翅膀。当它们在接近我的头上滑行时，我斜着身子紧盯着每个翅膀终端的那几根分开的大羽毛的轮廓：哪怕翅膀只轻轻地抖动一下，这些羽毛看起来也会混为一片。但在蓝天映衬下，每根羽毛历历在目。头和脖子倒是使劲地动来动去，展开的双翼似乎是其颈部、身体和尾部动作的支点。

诸位看官千万别小瞧这种观察的功夫！观察是科学家们（尤其是博物学家和生物分类学家们）的看家本领，一如京剧演员在戏台上走圆场是唱戏的基本功。哈佛大学比较动物学博物馆的奠基人阿格塞，曾让他的学生们拿着一条鱼，对其外表观察一整天，并做描述，班上的大多数学生都没有通过这一关！

然而，并非所有的观察都是那么令人厌倦的：

落日辉煌无比，此时安第斯山谷一片黝黑，雪峰却散发出一种红宝石般的光彩。天黑后，我们在一个小竹亭里点起了篝火，把干牛肉片烤上，再喝点马黛茶，非常舒适安逸。这样的露天生活有一种难以言表的魅力。夜深人静，偶尔能听见毛丝鼠刺耳的尖叫，夜鹰若有若无的哀啼。除此之外，这些干燥、炎热的山区里鸟很少，连昆虫都不多。

与《物种起源》不同，《小猎犬号航海记》主要不是有关生物演化和生存竞争，而是关乎生物多样性、动物行为和地质时代，关于自然界的奇异和壮美，以及微小变化的长期积累带来的可能性。在达尔文的眼里，自然界里所有庞大的、奇异的、美妙的、貌似经过“设计”的东西，都是偶然机遇加上漫长时间的结果。而这一“彻悟”，则是他的伟大理论之母。因此，一如不读《物种起源》不能算受过正规教育，不读《小猎犬号航海记》，你就无法深刻理解《物种起源》。

回到本文的开头，达尔文的伟大成就真的缘于“狗屎运”吗？是，但也不完全是！无疑他是幸运的，但光有运气是不够的，是他的运气与能力、勤奋结合在一块儿，才成就了他一生的伟业。因此，对青少年读者们来说，《小猎犬号航海记》是一本最好的励志读物。同时，作为这篇小文的结束语，没有比下面这段话更为合适的了：

我确实崇拜达尔文！当你阅读达尔文，你敬佩他从无尽的、英雄般的观察中所构建起的美丽的、坚实的理论框架，几乎是下意识的或自动的——然后，突然释放。你会感到他工作的奇特，看到一个孤独的年轻人眼睛死盯着事实和不起眼的细节，沉湎于眼花缭乱的未知世界。人们在艺术中所寻求的也是同样的东西，这种东西是创新所必备的：一种忘我和无用的专注。

——美国诗人伊丽莎白·毕晓普

2019年
6月11日

原载于"澎湃新闻":文化课。https://www.thepaper.cn/newsDetail_forward_3644758

达尔文「人生赢家」

2019年5月29日,《纽约时报》著名"观点"专栏开始发表新系列文章,名曰:"来自未来的观点"。"观点"专栏文章历来以犀利与针砭时弊著称。新系列则更加别出心裁,拟邀请一些知名科幻作家、未来学家、科学家及哲学家,由他们去想象10年、20年甚至100年后,《纽约时报》"观点"专栏将会登载什么样的文章。换言之,请他们预测10年、20年甚至100年后,未来美国社会所面临的挑战。其意图旨在发现可能为未来埋下隐患、却又是当下所面临的社会问题,以期让大家将今论未来(The present is the key to the future),也好未雨绸缪。这是巧妙地把"地质学之父"詹姆斯·哈顿（James Hutton）的将今论古法（The present is the key to the past），反其意而用之。

第一篇文章题为《2059年，富人家的孩子仍是人生赢家》，作者是当红美国华裔科幻作家姜峰楠（笔名特德·姜，Ted Chiang）。这篇虚构文章构思奇巧，直戳美国社会当前的痛点之一：贫富两极分化与社会阶层固化。为了解决这一问题，作者想象了未来的美国推行了一项“基因平等项目”（Gene Equality Project），试图用基因工程来提高少数族裔与低收入家庭子女的智商（即“基因上的认知增强”）。然而，经过一些年的试验，结果却很不理想。尽管该项目中出身的孩子大多得以大学毕业，但其中鲜有“常春藤”等精英名校的毕业生；而找到高薪或晋升机会多的职位者，更是寥寥无几。

文中有几处非常值得有识之士们深思，尤其是这种现象并不只限于美国，而是具有普世意义的：

“人们早就知道，一个人住址的邮政编码可以很好地预测他一生的收入、学习成绩，以及健康状况。然而，我们一直忽视这一点，因为它不符合这个国家的建国神话之一：那就是，任何聪明勤奋的人都能取得成功。我们没有世袭的头衔，这让人们很容易忽视家庭财富的重要性，并声称所有成功人士靠的只是自己的本事。富裕的父母相信基因增强会改善孩子前景的事实就是这个神话的一种体现：他们相信能力带来成功，因为他们认为，自己的成功是能力的结果。

“我们确实是在目睹一个等级制度的形成，这个等级制度不是建立在生物学角度的能力差异之上，而是利用生物学的理由来巩固现有的阶级差别。我们的当务之急是结束这种情况，但是，要想做到这一点，我们需要的不仅仅是慈善基金会提供的免费基因改良。这要求我们解决社会各方面的结构性不平等问题，从住房到教育再到就业。我们不能通过改良人来解决这个问题；我们只能通过改进我们对待人的方式来解决这个问题。

“我们的目标应该是确保每个人都有机会发挥他们的全部潜力，不管他们的出生环境如何。这个行动方案会与致力于基因上的认知增强一样对人类有益，而且会让我们在履行道德义务方面做得更好。”

由此，我想起路易·巴斯德一句励志名言：“运气眷顾有准备的人”。说实话，我对这一名言的正确性，一直心存怀疑甚至于不以为然。我总觉得成功所要具备的这两个条件中，“运气”和“有准备”，除了二者必须兼备这一层意思之外，似乎还有另一个往往被大家忽略的问题：即先有鸡还是先有蛋的问题。这么说吧，天上馅饼掉下来了，你却接不住，弄得不好，还被砸了个踉跄，这固然有点儿搞笑甚至可悲；但是，若是你奋斗了一辈子，时时准备去接那个馅饼，可天上就是掉不下来，何尝不也悲催之极？

读过沃尔特·艾萨克森写的《列奥纳多·达·芬奇传》的人，都会惊叹达·芬奇的运气好。但要是跟达尔文比起来，那真是差得太远了。布封的运气也出奇地好；事实上，几乎所有成功的人，都有极好的运气。因此，有人把生存斗争中的“最适者生存”，改作“最有运气者生存”。然而，稍微了解一点达尔文生平的人，对其好运连连，不仅羡慕不已，简直欲哭无泪——我怎么竟没摊上他百分之一的好运气呢？

查尔士·罗伯特·达尔文1809年2月12日出生于英国中部小城舒伯里，父亲罗伯特·达尔文是当地的名医，母亲苏姗娜（也是达尔文父亲的表妹）是英国著名制陶商、大富翁韦奇伍德的女儿，按如今的话说，他是个不折不扣的“富二代”。达尔文8岁时，母亲病故，给达尔文兄弟姐妹们留下了一大笔遗产。他的三个姐姐照顾他并且教他读书识字，他9岁开始在本地私校舒伯里公学上学，16岁时便被父亲送去爱丁堡大学学医。

他在爱丁堡大学医学院只学习了两年，便退学了。他父亲原本期望子承父业，可达尔文却偏偏半途而废了，这对他家这一当地的名门望族来说，无疑是件“不光彩”的事儿。达尔文父亲在气头上，甚至气愤地训斥他说：“你整天不干正事，只知养狗、打猎、捉耗子，你将一事无成，不但给你自个儿丢脸，也给咱们家丢脸！”人们常用“塞翁失马焉知非福”来形容因祸得福，达尔文的好运就表现在他一生中曾多次“失马”，而每次他都是有好运的“塞翁”！

达尔文辍学后，在他舅舅（也是他未来岳父）韦奇伍德先生的建议下，父亲把他送到剑桥大学的基督学院学习，希望把他培养成一名牧师。在当时的英国，神职人员既体面又清闲，达尔文舅舅出主意说：即使达尔文对博物学一直这样迷恋下去的话，今后他当了牧师，也会有很多业余时间去干他所爱好的事。

对于一个刚刚变成成年人的男孩子来说，可能人生的一切差异都集中在这里：如果你像达尔文或比尔·盖茨那样有个富爸爸的话，不管你遇到什么挫折，前途都会转为“柳暗花明”；而如果你摊上个穷爸爸，那只可能是越来越糟。

1827 年，年满 18 岁的达尔文进了剑桥大学基督学院，这可是弥尔顿的母校啊！当然，那里的希腊语、拉丁语、西方经典以及神学方面的课程，仍旧提不起达尔文的兴趣。他又迷上了采集甲壳虫，并依旧打猎（射猎狐狸和鸟），采集各种各样的博物标本。不过，剑桥大学在悄悄地起着变化，年轻教授中涌现了一些优秀的自然科学家，包括植物学家约翰·亨斯洛和地质学家亚当·塞奇维克。

常言道，人生在世若有所作为，必须得有贵人相助。那么，达尔文的贵人则无疑就是这位亨斯洛教授了。亨斯洛教授是百科全书型的学者，一度还曾担任矿物学教授。他在剑桥乃至伦敦科学界的人脉很广。酷爱博物学的达尔文很快得到了亨斯洛教授的青睐，并通过亨斯洛教授结识了不少当时的知名学者以及一帮志同道合者。

达尔文在剑桥的最后一年，以极大的兴趣反复阅读了德国博物学家洪堡的《南美旅行记》，被书中描述的加那利群岛的美丽风光与自然景观所深深陶醉。他鼓动亨斯洛教授及一帮同学，计划在剑桥毕业的那个暑假去加那利群岛实地考察。尽管亨斯洛教授为其热情所感染，同意前往，但毕竟同学中像达尔文这样既有钱又有闲的人寥寥无几，令这一计划胎死腹中。

考察加那利群岛计划的流产，对于达尔文来说，只是又一次“失马”而已。亨斯洛教授转而介绍达尔文跟随剑桥的地质学教授塞奇威克去北威尔士做暑期地质考察。塞奇威克是英国当时最负盛名的地质学家与地层古生物学家之一，寒武纪就是他命名的。初学地质便遇上这样的名师，就像刚学炒股时，老师就是巴菲特一样——达尔文是何等幸运啊！

1831 年暑假在他的北威尔士地质考察之后匆匆结束了，此时的达尔文在同龄人当中，无疑已是最优秀的博物学人才了。然而，若是按照他父亲的预先安排，达尔文今后将在乡间小镇做牧师和业余博物学家而了此一生。出乎意料的是，他从北威尔士考察归来回到家中，发现他的贵人的一封信正等着他——馅饼又从天而降啦！

亨斯洛教授在信中告诉达尔文，他已经推荐达尔文作为菲茨罗伊舰长的私人伙伴与博物学家，加入小猎犬号的环球考察之旅。达尔文读完信，自然喜不自禁。但是，达尔文的随船考察，并非一份免费午餐——他是要自费的。达尔文拿着这封信兴冲冲地跑回家，向他父亲汇报这一喜讯。谁知他父亲一听就来气，断然拒绝了他的请求。

达尔文心知肚明，父亲并非心疼那几个钱——达尔文家“不差钱”；可能是因为父亲觉得这里放着好好的牧师正业不干，却又要去云游四海，而且一去就是好几年，这怎么能让他放得下心、舍得让儿子去呢？

这兜头一盆冷水，浇得达尔文心里顿时凉了半截。他一下子没辙了……左思右想，这个世界上只有一个人能让父亲改变主意，此人便是舅舅韦奇伍德先生了。

果然，达尔文的舅舅是个有远见卓识的人。韦奇伍德先生对达尔文的父亲说："罗伯特，我看巴比这孩子想去参加环球考察的事，是件大好事呀！这是多么难得的机会啊！你看，现在英国到处都在讲自然神学，举国上下都是博物学热。他出去开开眼界、长长见识，说不定将来会在这方面折腾出大名堂来呢！"

达尔文爸爸的心，终于被说动了。自然，这两位绅士同意这档子在一般人看来很不靠谱的事，是有鼓鼓的钱包做后盾的。试想，若是达尔文生在穷苦人家——哪怕是中产小康之家，这种事有可能吗？

经历了好几番周折，达尔文终于在1831年12月27日这一天，随着小猎犬号战舰启航成行，踏上了历时近5年的环球科考征程。在其后5年期间，亨斯洛教授留在剑桥、志愿做达尔文的"业务代理"以及"事业经纪人"。由于达尔文是自费参加科考，因此他采集的大量动植物、化石及岩石珍稀标本，都属于他的私人藏品。即令在今天，博物学在很大程度上仍然属于"材料"科学，谁占有"材料"，谁才可能做相关的研究工作，也才可能有发言权。达尔文把他采集的标本沿途陆续托运寄回剑桥（昂贵的运费自然也都是达尔文医生的钱），都是亨斯洛教授代为接收、开箱、分类保管，并提前与伦敦的有关专家、学者联系，事先为达尔文牵线搭桥。这样一来，达尔文在返英之前，即为英国地学界和博物学界的一流学者们所知，大家都翘首盼望他的归来，以便与其合作研究这些重要的标本。细想一下，一个不到30岁、自学成才的毛头小伙子，能迅速跻身等级分明的伦敦学术精英行列，除了个人天分和努力之外，不都是靠钱砸出来的吗？"太阳底下无新鲜事"，就像时下流行在学术界的一句话所说的那样："金钱出论文——一大堆论文！（Money produces papers—a lot of them!）"我则戏称之为：书山有路"钱"为径。从某种意义上说，人类文明委实是靠财富造就的，从《物种起源》到卢浮宫，无一例外。可问题是，目前的财富过于集中在世界极少数人的手中，这是历史上前所未有的现象，这才是需要妥善解决的社会问题。

最后，回到文章开头，结论似乎不言自明：100 多年前，富人家的孩子曾是人生赢家，如今依旧是；而且在可预见的将来——2059 年甚至更遥远的将来，富人家的孩子仍可能是人生赢家。

2020年
7月13日

原载于“澎湃新闻”：文化课。https://www.thepaper.cn/newsDetail_forward_8238681

达尔文不背种族主义的锅

西谚说，“偏见节省时间”。我的导师曾跟我讲过一件有关偏见的轶事：他读博时，系里有两位大牌教授，一位是北美哺乳动物学鼻祖霍尔，另一位是两栖爬行动物学大师泰勒，但两人互不服气，成见很深。一次，我老师到泰勒办公室去借书，泰勒在身后书架上扫了一眼说，怪了，前两天我还看见它在这里，怎么不在了？——肯定被那老王八蛋霍尔偷走了！话音刚落，我老师在旁边的一个书架上找到了那本书，泰勒摇了摇他那硕大的脑袋，不假思索、一本正经地说，肯定是老贼霍尔又偷偷地还回来了——还放错了地方！

与此相似的是，100多年来，每当世界上遭遇战争、大屠杀、种族清洗或各种政治风潮乃至于流行瘟疫，总会有人拿达尔文说事；尤其对神创论者以及保守派来说，达尔文似乎是现成的、可以信手牵来的一只“替罪羊”。不久前，当英国首相约翰逊提到“群体免疫”时，有人立即指出这是英国社会根深蒂固的“社会达尔文主义”在作祟。最近，明尼苏达黑人弗洛伊德之死引发了美国乃至于世界范围内的大规模街头抗议活动，又有人说，达尔文自然选择学说纯粹是为种族主义张目的。姑且不谈这些人恐怕压根儿就没有读过达尔文著作，他们可能对达尔文发表过的“政治不正确”言论也一无所知。否则，真不知道他们该如何大张旗鼓地抹黑他呢。

受到他所处时代政治文化观念的限制，达尔文确曾流露过白种人在文化上优于黑人和土著人种的“偏见”。在达尔文浩瀚的著述以及私人通信中，能够被抓住“小辫子”的此类武断言论，也仅此而已。任何将社会达尔文主义和种族主义的脏水往达尔文身上泼的人，都是罔顾事实——达尔文不背这口黑锅！事实上，达尔文对同时代博物学家（比如哈佛大学比较动物学博物馆奠基人阿格塞等）的种族主义“科学”曾深恶痛绝，极尽批评鞭挞。比如，阿格塞提出，世界上的各类人种分属八个不同的物种，而非洲人属于低劣人种；因此，他们是不应该享受平等的人权的。达尔文曾严厉地批判了阿格塞的这一伪科学结论。不特此也，达尔文全家都反对蓄奴制，他以及父亲、祖父是强烈反对贩卖和使用黑奴的“三代忠良”；他外祖父塞奇伍德一家，更是英国废除奴隶制运动中的活跃人物。因此，指责达尔文是种族主义者，就像说肯尼迪总统是种族主义者一样地荒唐可笑。

2009 年纪念达尔文诞辰 200 周年暨《物种起源》出版 150 周年之际，著名的《达尔文传》共同作者阿德里安·戴斯蒙德（Adrian Desmond）与詹姆斯·莫尔（James Moore）推出新作《达尔文的神圣事业：种族、奴隶制及探索人类起源》（*Darwin's Sacred Cause:*

Race, Slavery and the Quest for Human Origins)。当时曾引起不小的轰动，许多著名报刊都曾刊登过该书的书评，用“好评如潮”来形容，一点儿也不过分。当然，该书之所以引起轰动，并不只是缘于作者的声望，而在于书中提出的不同寻常、令人耳目一新的论点：达尔文提出自然选择学说与生物演化论的原动力是为了探索人类的起源与演化，进而证明不同人种来自共同祖先因而生来平等。

在近400页的长篇大论中，戴斯蒙德与莫尔试图阐明，达尔文研究自然选择学说与生物演化论，并非单纯出于对科学真理自身的探求，而是来自他对蓄奴制和种族主义的极端厌恶和憎恨，是想通过这一理论证明——万物共祖、世界上所有的人种都来自同一祖先，因而他们之间血肉相连。换言之，戴斯蒙德与莫尔坚持认为，达尔文之所以提出自然选择学说与生物演化论，是为了证明蓄奴制和种族主义是错误的，是反科学的，是一种道德犯罪。

作者在书中详尽地描述了达尔文的出身背景与成长经历，说明达尔文自小就尊重生命、敬畏自然、充满同情心与同理心、反对残忍。比如，他在挖蚯蚓做钓鱼的诱饵时，小心翼翼地不弄伤蚯蚓；把蚯蚓穿在鱼钩上之前，先将其置于盐水里浸泡，使蚯蚓免受被鱼钩穿刺的痛苦。他后来随小猎犬号环球科考途中，在南美与佛德岛等地与黑人和土著人种有过较多接触。他在日记中写道，当你跟黑人接触时，你不可能对他们不产生好感……从他的日记中还可以看出，当他在阿根廷看到一个女黑奴被鞭打时，他心中无比愤怒但却束手无策；当他看到一老妪所收藏的用来挤压有反抗行为的黑奴手指的器具时，他顿时怒火中烧。在巴西，他曾听到屋外远处传来的奴隶被殴打折磨的惨叫声，以至于自此以后，无论他在哪里听到远处的惨叫声，都会想起在巴西遭遇的那一幕。

除了戴斯蒙德与莫尔在书中列举的各种事例之外，在《小猎犬号航海记》中，达尔文也记录了殖民者屠杀印第安人的场景以及他笔下流露的愤怒之情。正如译者陈红博士在“中译者序”中称赞达尔文文风时所写到的：“这样的文字风格有一种难以言传的随意和自由。偶尔的例外是达尔文对奴隶制度的深恶痛绝，他对此的表达非常直接强烈，表现出一种正义凛然的胸怀。”

因此，《达尔文的神圣事业：种族、奴隶制及探索人类起源》一书所记载的案例，与以往文献记载是相辅相成、一以贯之的；加之作者的观点新奇，故该书一问世，就引起巨大反响。有书评人指出，该书给读者带来了达尔文的新形象：他不仅是优秀的科学家而且是高尚的道德家。正像戴斯蒙德与莫尔所指出的，以前没人想到过，达尔文对人类起源的探索竟是他痛恨奴隶制的道德怒火所驱动的。

尽管达尔文在《物种起源》里几乎矢口未提人类的起源与演化，只是在文末“犹抱琵琶半遮面”地写道，“人类的起源及其历史，也将从中得到启迪。”然而，当读者读到下面这句话，一切都在不言而喻之中：“当我把所有的生物不看作是特别的创造产物，而把其视为是远在志留系第一层沉积下来之前就业已生存的少数几种生物的直系后代的话，我觉得它们反而变得高贵了。”

难怪一位牧师的太太在读完《物种起源》后，惊慌失措地对她先生说，天哪！让我们希望达尔文先生所说的不是真的。倘若是真的话，让我们希望不要让人人都知道这是真的……

不过，我不得不说，尽管戴斯蒙德与莫尔的这本书曾让我收获了阅读的愉悦，但他们的主要论点并没有令我信服。窃以为，他们的材料虽丰富、语言也生动，但结论颇为牵强，本人不敢苟同。首先，倘若达尔文试图用共同祖先理论来反对蓄奴制和种族主义的话，那么，在当时的历史条件下，用所有人种都是亚当与夏娃的子孙、大家都是上帝之子的“一元论”来解释，岂不是更容易让人接受吗？为什么要绕那么大一个圈子、把地球上所有的动植物都牵扯进来？其次，倘若试图用物种可变论以及万物共祖理论来批判种族主义的话，那么，世界上各个人种的共同祖先究竟要追溯到多久以前？在达尔文时代，既没有任何古人类化石的记录，也没有检测人类基因组的分子生物学手段，如何回答这一问题？是1万年前、10万年前，还是100万年前？显然，狂热的种族主义者肯定想把人类共同祖先推到越久远的过去越好（确曾有人提出至少可追溯到数百万年前），而反对奴隶制的人肯定希望越近越好。既然达尔文当时没有任何证据和手段回答这一问题，生物演化论对其反种族主义的立场显然毫无助益，而且只会添乱；聪明如达尔文，他为什么要把自己引进这个走不出去的逻辑死胡同？再次，倘若种族问题是达尔文提出生物演化论的原动力的话，为什么他在提及像澳大利亚土著一类的“未开化”部落将“不可避免地”灭绝时，竟表现出毫无感情地就事论事？他甚至于在笔下流露过这些未开化的土著“野蛮人”在文化、道德、智力诸方面均不如白种人。

总之，虽然该书作者们所罗列的大量证据表明了达尔文及其家族对蓄奴制和种族主义，一向深恶痛绝，而达尔文的生物演化论在逻辑延伸上是反蓄奴制和种族主义的；然而，作者完全未能令人信服地阐明达尔文的立场与其理论之间存在着必然的因果关系。因此，作者的结论充其量是一个“大胆假设”而已，尚未经过严格的“小心求证”。此外，作者的结论也无法解释达尔文为什么把自己的理论“雪藏”了20多年之后才发表，而发表后并未发生达尔文所预期的“惨遭迫害”的可怕后果。恰恰相反，达尔文学说较快地被大多数人所接受，这是达尔文本人也始料未及的。科学史家们一般认为，事实上，社会达尔文主义者以及英帝国在全球的殖民扩张，确曾在某种程度上“绑架”了达尔文理论，也使它的传播在当时遭遇到相对说来比较小的阻力。其实，马克思从一开始就发现了自然选择学说与疯狂竞争的资本市场驱动力之间的显著联系。当然这些并非达尔文的初衷，也远不是他本人所能够左右的。

相形之下，该书作者的结论似乎走向了另一个极端，即试图给达尔文冷静的纯学术研究戴上了热忱的道德光环；在我看来，这不仅立论不足，而且毫无必要。尽管如此，基于该书的丰富史料、对达尔文及其学说的深刻了解与极度热情，以及行云流水般的文字，我依然乐意向大家倾情推荐。

2020年
10月29日

原载于《中国科学报》。

“惟有诗情似灞桥”——评《达尔文诗传》

《达尔文诗传》的作者是英国著名诗人、达尔文的玄外孙女露丝·帕德尔。她的外祖母是达尔文的亲孙女诺拉·巴洛——《达尔文自传》（1959年新版）的整理者。露丝·帕德尔不仅因获奖众多、名声遐迩的诗作而成为英国皇家文学会会员，而且由于其“家学渊源”，她的诗作涵盖遗传学与动物学等学科的科学内容，她还被选为英国皇家动物学会会员。2009年，她高票当选为牛津大学历史上首位诗歌女教授。自2013年起，她一直担任伦敦英皇学院诗歌教授。《达尔文诗传》是2009年出版的，那一年是达尔文诞辰200周年、也是《物种起源》出版150周年。《达尔文诗传》甫一出版就好评如潮，记得我拿到手后几乎是一口气读完的。那么，我为什么等了十多年才想到写这篇书评呢？

其一，最近刚公布2020年诺贝尔文学奖花落美国女诗人路易丝·格吕克时，包括我的不少文友在内，很多人竟感到很吃惊。好似她是什么名不见经传的人物。其实，她在文学界名气很大，只是因为目前诗歌成了“小众”文学形式，一般人不熟悉而已。由于我曾读过她不少诗作，非常喜欢她的风格，因而对诺奖委员会的选择，一点儿也没感到意外，恰恰认为这是格吕克实至名归。这件事让我觉得，读诗写诗还是一件很美好的事。尽管诗歌不是我们生活与工作的必需品，但如果人生中缺少了诗歌与音乐，那该是多么令人遗憾啊。由此我想起陆放翁《秋夜》诗中的“老来万事浑非昔，惟有诗情似灞桥”，而倍感到欣慰。同时，也想借此鼓励科学家同行们阅读一些诗歌。其二，我最近应上海《科学》杂志编辑季英明先生之约写了“进化论诞生背后的故事”一个系列的几篇文稿，其中我翻译和引用了《达尔文诗传》里的两首诗，我的几位朋友看完都十分喜欢，本报记者胡珉琦鼓励我撰文把帕德尔这本美妙的诗集介绍给大家。

在古今中外科学家中，达尔文传记的数量，即便不是首屈一指，也一定是在前三名之列。比较著名的新作，包括哈佛大学科学史教授珍妮特·布朗的两卷本达尔文传记（1995，2002），长达1 200页；以及亚德里安·戴斯蒙德与詹姆士·莫尔合著的《达尔文》（1991），长达800页。相比起来，《达尔文诗传》只有140页，而且是分行诗的形式，是可以一口气读完的小书。然而，其体例跟传统传记一样，是按传主的生平顺序从生到死，完完整整，共分5章：（1）青少年（1809—1831）；（2）环球考察（1831—1836）；（3）伦敦（1837—1838）；（4）艾玛（1838—1851）；（5）皮大衣（1851—1882）；由100多首诗（短则几行，长则数十行）组成。对于具有丰富人生经历和很多重要发现和著述的达尔文来说，以诗歌的形式来为他作传，这本身便是一件别出心裁的事，而他的直系后人熟悉并梳理了他的 15 000 多件信函以及十几本重要著作，剥茧抽丝，像他当年研究生物学标本那样，一一放到显微镜下去仔细观察、分析，把他生命中最重要的东西挑选出来，以诗歌的语言提炼升华。结果是出人意料地惊艳：达尔文人生中的每一个“高光”时刻，都宛如他本人当年的一个博物学新发现那样，新奇有趣，令人着迷。

比如，科学研究的本质是探索精神，科学家最可贵的素质就是葆有一颗永不泯灭的好奇心。而达尔文从童年开始，就对周围世界充满了好奇，并善于提出各种各样的有趣问题；自己解答不了，就满世界地去寻找答案。他一生中跟世界上 2 000 多位志同道合者有过通信联系，虚心向别人讨教——即“挖他们的脑袋”(pick their brains)。

请看帕德尔笔下的童年达尔文：

“一个小男孩孤零零地跪在海滩上，
两眼死死地盯着一个黑色和猩红色的大昆虫——
最大的虎甲虫！
——什罗普郡从未发现过的一种。”

“晚上海鸥和鸬鹚蜿蜒盘旋着飞回窝里。
为什么每个人不都是鸟类学家呢？”

通过自然选择的生物演化——达尔文理论的美妙之处在于他善于使用各种隐喻。对一般人来说，由于缺乏相关专业知识背景，诗化的语言或许更难理解。为此，诗人在诗行的左侧，常常提供一些背景知识，帮助不熟悉达尔文生平和著作的读者们更好地理解诗歌内容。

更有意思的是，诗人在诗中常常引用达尔文信函和著作中的原话，把诗歌韵脚与内部节奏加以巧妙的安排。读来合辙押韵、朗朗上口，而不只是分行的散文。因此，诗歌批评家们指出，帕德尔发明了人物传记以及诗歌的一种全新形式，就像她的曾曾祖父发现了一个新物种一样。

比如，一首题为《关于恢弘壮丽的更有趣的想法》的诗，就是《物种起源》书末最后几句话的诗化总结：

“世间每个有机体
是何等地精巧美丽，
因为它的直系祖先
掩埋在地下的岩石里，
抑或它的共同后裔
以其他形式生存在别处，
或早已在远古消失。
通过饥荒、死亡、生存斗争，
达到崇高目的。

我们可以设想一下
高等动物如何创立，
我们最初的冲动
令我们怀疑——
次级定律如何能产生
如此美妙如此神奇的
无数生命机体？
脑残回答看似极端容易，
一切归功于

造物主的精心设计。
更简单的答案却恢弘壮丽——
无需超自然力
也不靠上帝，
地球照转
全凭万有引力；
从最初几个或一个简单生命体，
依照自然定律
通过自然选择，
无数最美丽最奇异的生命
业已演化出来，
并仍在继续。”

而《狒狒般的魔鬼》一诗则把达尔文阅读马尔萨斯《人口论》后的“顿悟”、生存斗争、自然选择以及人类起源等话题，通过引用达尔文一些原话，全部巧妙地编织在一起，用诗歌语言叙述得十分生动形象，令人读后难以忘怀：

两盏灯的灯光摇曳。
他正要读完手中的马尔萨斯。
书房里灯影舞动
宛若一梭黑雨来袭。
“所有生命皆为生存而斗争。
自然界没有仁慈、圣洁
或其他！冲突才是种群原理。
世上充满痛苦与疾病——
他们却在侈谈岁月静好？”

我们与自身生物性独处。
"新生命在饥荒、灭绝与死亡中诞生。"
家仆寇文顿拉上了窗帘
搅起绉绸上积淀的落尘。
屋外小径的花岗岩石板晶亮。
苹果木在壁炉中噼啪作响。

"人的思想受制于动物祖先。
每一物种都在它的尾椎骨端
设立了祖宗祭坛。
不过，本能、欲望——
也都有迹可循。
侵略、愤怒和复仇
曾经帮助我们得以生存。
如今改变了的，只是环境。

我们试图压制遗传而来的上述激情。"
雨点沾染了煤烟。地上高跟鞋和马蹄铁声
格格作响 此去彼来，
犹如酒桶滚下酒窖台阶的节拍。
"人类起源已被证实。"
我们身上的兽性也暴露无遗。
"我们的祖父是撒旦——
披着狒狒的外衣。"

本书最令我读来动容的部分是第4章"艾玛"，写的是达尔文的婚姻和家庭生活。艾玛是达尔文的小表姐和爱妻，他们自小青梅竹马、老来相濡以沫，婚后在一起共同生活了43年，直到达尔文去世。其间，他们育有10个子女；婚后达尔文长期患病但一直坚持工作、勤奋著述，艾玛担负起妻子、秘书、护理、娱乐者、挚友以及心理医生等多重角色。在漫长的岁月里，艾玛对达尔文关怀备至、照顾入微。然而，艾玛是虔诚的基督教徒，达尔文理论恰恰是与基督教信仰背道而驰、格格不入的。为了追求科学真理，达尔文不得不有愧于爱妻，尽管深知自己的理论伤害了艾玛的宗教情感，却依然坚持真理，对妻子坦诚以待，在她面前不说一句违心的话。另一方面，艾玛理解丈夫的工作是极有意义的，但又希望他是错的（可心中坚信他是对的！）。可见，两人都有心灵深处的痛苦挣扎，但却恪守坚忍的、矢志不渝的爱情。另外，他们有3个子女早夭，也曾给这个幸福的家庭带来巨大痛苦。作为达尔文夫妇的后人，帕德尔笔下饱蘸浓情，使这一章读来十分令人震撼，令人在感到隐隐的痛楚之余抱以深深的同情，也对达尔文夫妇愈加肃然起敬。

最后，我向读者们郑重推荐《达尔文诗传》，并谨此怀念我敬爱的学术前辈——古脊椎动物学家、诗人杨钟健院士。

2019年
7月5日

原载于《中国科学报》。

老树春深更著花

——评E. O. 威尔逊的《创世纪：社会的深层起源》

本文题目出自顾炎武的名句，现在一般用来赞美人到暮年，依然雄风犹在、壮心不已。在我心目中，E. O. 威尔逊是最不负“老树更著花”这一美誉的。他年近90，自1996年从哈佛大学教职上退休以来，老当益壮、勤勉著述、新作迭出，于今已出版16本书。新著《创世纪：社会的深层起源》，即是他退而不休后的第16本书（也是他学术生涯中的第32本书）。著作等身这一成语用在威尔逊先生身上，不再是一种隐喻，而是实情描述。

一

比起他之前的很多洋洋大观之作，这本新书只是不到150页的“小书”；而这种“大家小书”，又恰恰是他在一生丰富学术积累的基础上，厚积薄发、充满深度哲思的“大书”。在本书中，威尔逊先生回到了他的成名作《社会生物学》的主题，进一步探讨我们生而为人不免常常思考的问题：究竟何以为人？在亿万年来地球上所有生存过的众多物种中，为什么唯独我们达到了“万物之灵”的智力高度，并形成了如此错综复杂的社会结构？对此，他毫不畏惧地表达了他一贯的达尔文主义科学思想与综合理论：所有的宗教信条与哲学问题，皆可解构为纯粹的遗传与演化组件；人类的肉体与灵魂均有其物质基础，因而完全遵从宇宙间的物理和化学定律，绝不是超自然的。因此，若想充分理解人类行为和社会的深层起源，我们还必须深入研究人类以外的其他物种的演化历史。

鉴于此，威尔逊先生在本书“引言”中写道，“事关人类处境的一切哲学问题，归根结底，只有三个：我们是谁？我们从哪里来？我们最终要到哪里去？第三个问题至关重要，因为它关系到我们的命运与未来。然而，要回答第三个问题，我们必须对前两个问题有准确的把握。总体而言，对于前两个涉及人类历史以及人类出现之前更古远的历史的问题，哲学家们缺少确凿可证的回答，于是，他们也无力回答事关人类未来的第三个问题。”坦率地说，我尤其认同这段话。

威尔逊先生还指出，长期以来，对人类的由来及其存在的意义，解释权都为宗教组织所掌控。地球上有4 000多种宗教幻想，形形色色的宗教幻想带来了纷繁的部落意识，而部落意识又正是“人类的起源方式带来的一个结果”。

直到19世纪下半叶，达尔文开始把物种起源（尤其是人类起源）的“整个主题带进了科学探索的视野，并提出了人类是非洲猿类的后裔。”实践证明，达尔文是人类观念史上最伟大的创新者，他的生物演化论对旧观念的颠覆是“石破天惊”的。此后，神学家们赖以支撑门户的《创世纪》便难以自圆其说。诉诸神灵来解释世上万物的由来、我们何以为人以及如何行事等“自我认知”问题，不再令人信服。此外，100多年来，由于古生物学、人类学、心理学、演化生物学和神经科学这5个领域里全球科学家的共同努力，使“我们具备了相当充分的知识来回答人类的起源问题，包括起源的时间和方式”。正是这些科学进展，促使威尔逊先生信心十足地撰写了这本“科学的创世纪”，向大家讲述无比精彩、真正的人类起源故事。

二

本书前半部包括三章，分别是：1. 寻找创世纪；2. 演化史上的大转变；3. 大转变的两难问题及其解决之道。首先，威尔逊先生“粗线条”地大笔勾勒了生物演化的宏观图景，带领我们重温了以自然选择为主要机制的达尔文理论，以及基因突变提案、环境筛选、表型可塑性演化等新达尔文主义（又称作达尔文理论与孟德尔遗传学相结合的“现代综合系统学”）核心概念。他强调指出：“科学家认为，演化不只是一个理论，更是一个已被确证的事实。通过野外观察与实验，科学家已令人信服地证明，自然选择作用于随机突变，正是演化实现的方式。”

接下来，他追踪了长达几十亿年的生命演化史，其如椽大笔一挥，浓墨重彩、举重若轻，令人叹为观止：“地球生物历史始于生命自发形成的那一刻。在数十亿年的时间里，生命先形成细胞，再形成器官，又形成组织，最后，在过去两三百万年里，生命终于创造出了有能力理解生命史的生物。人类，具备了可无限拓展的语言与抽象思维能力，得以想象出生命起源的各个步骤——‘演化史上的大转变’。”

他进而指出，这些“大转变”依次为：1. 生命的起源；2. 复杂（真核）细胞的出现；3. 有性繁殖的出现，由此产生了DNA交换与物种倍增的一套受控系统；4. 多细胞生物体的出现；5. 社会的起源；6. 语言的起源。有趣的是，为什么是“6”而不是另一个数字？同以人类为视角，为什么“脊索的出现”“颌的出现”“脊椎动物登陆”“羊膜卵的出现”，抑或“人类的起源”等，不能算作同等重要的“大转变”呢？这不禁让我想起布封在划分地球历史的自然分期时，也是用了“6”这个数字，恰恰与神学《创世纪》中上帝用6天创造了世上万物不谋而合。或许，“6”这个神奇的数字真是“天生”（hard-wired）地进入了我们的潜意识（在中国文化中，“6”象征顺遂、幸运）。

值得指出的是，威尔逊先生对生命大历史的描述，不仅言简意赅，而且妙趣横生：“于是，没有任何确切目的，仅仅凭借着变幻无常的突变与自然选择前行，在爬行动物时代就出现了的导向系统的引领下，经过38亿年，这副包裹着盐水、两足直立、以骨骼支架撑起来的身体，终于跌跌撞撞地来到了今天——我们可以站立、行走，在必要的时候还可以奔跑。我们体液（占了身体80%的体重）里的许多化合物与分子跟远古海洋的组分大体一致。”

毋庸置疑，从演化意义上讲，目前地球上的生物多样性，代表了自然选择所留下来的幸存者。它们均以某种方式揭示了演化史上的重大转变：从单细胞的细菌及其他生物个体，最终演化出人类高度的智力、语言、共情与合作能力。而且，一如达尔文所指出的：这种演化依然在进行之中。饶有趣味的是，跟人们脑子里固有的“物竞天择，适者生存”的观念不同，威尔逊先生强调指出：在生物演化史上，每一次从较低的生物组织水平迈向更高的生物组织水平（比如，从细胞到生物体，从生物体到社会），都离不开利他主义。表面上看起来，这是个悖论（即大转变的两难问题）；但威尔逊先生坚信：这一悖论其实可以用自然选择驱动的演化来解释。这就是本书后半部分的内容。

三

本书余下的四章分别是：4. 追踪漫长的社会演化过程；5. 迈进真社会性的最后几步；6. 群体选择；7. 人类的故事。在这一部分，威尔逊先生指出，个体间简单的合作在生物界十分普遍，早在细菌中已见端倪；而众多较为进步的物种，均展示了一定程度的劳动分工与合作。然而，只有极少数物种（不到总数的 2%）达到了高度的“真社会性”，其中以蚁类、蜂类与人类最为著名。这些具有“真社会性”的类群，都占据了陆地生态系统中“霸主”的地位。

“真社会性”，即一个生物群体组织内分化出可育（比如，蜂王、蚁后）与不可育（比如，工蜂、工蚁）的等级，并有了严格的内部劳动分工。野外观察和实验室研究显示，在个体之间的生存竞争中，无疑“自私者”占上风；而在生物群体之间的生存竞争中，由乐于合作者以及利他主义者占多数的群体，总是战胜由“自私者”占多数的群体。这也就是“群体选择”理论。威尔逊先生指出，当由同一个物种组成的不同群体竞争时，其成员的基因就会受到筛选，自然选择就驱动社会演化向着一定方向发展。

同样，人类起源与演化历史也表明，人类迈向真社会性的路径与其他“真社会性”动物如出一辙。社会演化的主要驱动力之一是群体之间的竞争，其中不乏激烈的冲突（比如，部落、帮派、民族、国家之间的战争，常常十分血腥与残忍）。

总之，在本书中，谈及人类起源，对人类使用与制造工具以及脑容量增大等因素，威尔逊先生只是一笔带过，他着重强调了我们真正的优势在于人际间的合作。诚然，在当下民粹主义抬头、风云变幻的国际形势下，威尔逊先生的这本新著，真可谓适逢其时，十分值得推荐给大家。达尔文主义的精髓，不只是狭隘的“物竞天择、适者生存”，还有广义上的“群体选择”；而对具有了“真社会性”的人类来说，尤应牢记：恶斗必两败，合作即共赢。

2022年
3月29日

本文以“如果在厨房遇到蚂蚁……”为题，**原载于**“赛先生”。http://zhishifenzi.com/depth/newsview/12200?category=multiple

蚂蚁的世界真精彩

——评《蚂蚁的世界》

倘若一位耄耋之年的老人还能像童男少女坠入初恋爱河那样，满怀激情地书写其终生所爱，那么，这样的爱情堪称可歌可泣的“真爱”，而这样的作品，一定是值得一读的！在科学家中，E. O. 威尔逊的“天鹅之歌”——《蚂蚁的世界》，无疑属于这一范畴。该书英文原著在他逝世的前一年刚刚问世，它的中译本在他去世后不久，也便呈现在中文读者的面前。作为威尔逊教授的博物学后辈同行，这两个版本我都已拜读，却依然爱不释手；就像爱尔兰诗人叶芝那首脍炙人口的情诗《当你老了》，让人百读不厌、常读常新。

作者在开头自序中做了如下的夫子自道：“我这一生，历经80余载，一直都在钻研这神奇的昆虫世界，正是这些过往的经历让我写下了这本《蚂蚁的世界》（*Tales from the Ant World*）。从华盛顿特区和亚拉巴马州的小学开始，到成为哈佛大学研究型教授兼比较动物学博物馆昆虫馆馆长，我对昆虫世界的热爱从未改变过……尽管到现在我已写了30多本书，但它们绝大多数都是学术性的。直到这本书，我才把蚁学作为一场身体与智力上的探险，来讲述其中的神奇故事。如果你愿意的话，可以把它当作一个探险故事。”

显然，对于熟悉作者生平以及过去那些书的读者来说，新书中有一些内容并不新鲜；因为这本书里经常会谈及他的个人经历和职业生涯，并结合起来讲述蚂蚁的演化历史、生态习性以及社会性组织结构等。不过，他对蚂蚁的研究早已超出了科学家与研究对象之间的关系，而成了一种近于痴迷的激情爱好。他坦承这种痴迷，远比金钱、天赋、才能甚至于开朗的性格，更能令人感到幸福和满足。在他身上，热爱大自然俨然成了一种宗教信仰，而身为博物学家，他视自己为服务于这一宗教的神职人员，并以此感到无比自豪。

像达尔文一样，威尔逊对博物学的痴迷植根于童年。两人虽然生活在不同的世纪、有着截然不同的家庭背景，但有些方面似乎又有某些惊人的相似之处。比如，达尔文8岁丧母，威尔逊8岁时父母离异，自童年起，两人主要都是由单亲父亲抚养的。两人对学校的功课都不感兴趣，达尔文是“平庸无奇”的在校生，而威尔逊跟着公务员父亲的频繁调动和搬迁，在中小学阶段的11年间，曾换了16个城市的16所不同学校上学！可想而知，他的学校成绩会如何？然而，由于两人对于博物学共同的痴迷和一生不懈的追求，使他们最终分别成为19、20世纪伟大的博物学家。

威尔逊与达尔文的另一相似之处是，两人在生命最后阶段撰写的“天鹅之歌”，都是有关地球上“看似寻常最奇崛”的两类生物——前者是蚂蚁，后者是蚯蚓。诚如我在《蚂蚁的世界》推荐语中所写到的，“这种跨越时空的‘巧合’，几乎是他们命中注定的。”

达尔文对无处不在的蚯蚓，之所以如此钟情，是在于他《腐殖土与蚯蚓》一书中所要传达的“微言大义”，即彰显“均变论”的“放之四海而皆准，传至千秋也是真”。自从他登上小猎犬号战舰、开始阅读莱尔的《地质学原理》（第一卷）开始，就对“均变论”深信不疑：眼前观察到的涓涓细流般的微小变化，经过长期积累，便能引起天翻地覆的巨变。以至于他将其运用到自己的生物演化论之中：

> 自然选择每日每刻都在满世界地审视着哪怕是最轻微的每一个变异，清除坏的，保存并积累好的；随时随地，一旦有机会，便默默地、不为察觉地工作着，改进着每一种生物跟有机的与无机的生活条件之间的关系。我们看不出这些处于进展中的缓慢变化，直到时间之手标示出悠久年代的流逝。然而，我们对于久远的地质时代所知甚少，我们所能看到的，只不过是现在的生物类型不同于先前的类型而已。

事实上，达尔文曾在回答批评者质疑他的有关蚯蚓对于腐殖土形成所起作用的文章中写道：

> 此处我们再次看到了人们对连续渐变积累的成效视而不见；一如当年地质学领域所出现的情形，以及新近对生物演化论原理的质疑。

显而易见，达尔文理论跟莱尔“均变论”一样，都建立在无数微小变化经过无限长时间积累而产生的从量变到质变的基础之上。在《腐殖土与蚯蚓》一书中，达尔文再次用细致入微的观察和生动流畅的笔触，向读者展示：不计其数微不足道的蚯蚓，在我们的脚下，整日整夜默默无闻地“耕耘”，历经千百万年，改造了土壤、改变了地貌、甚至掩埋了废墟、保存了文物。了解这些之后，谁还能忽视蚯蚓“蚂蚁搬山”般的伟大力量呢？

当然，生活在21世纪初叶的威尔逊，不再需要去利用蚂蚁的世界来证实生物演化论了；然而，他在《蚂蚁的世界》中也暗藏了自己的“微言大义”——毕竟威尔逊不是一位害怕争议的科学家。从他的《社会生物学：新的综合》开始，毕其一生，他从未回避过自己的生物学研究与人类社会的关联。尽管他为此曾遭受过许多非议甚至围攻，他还是一如既往、我行我素，在本书中依然把蚂蚁的故事讲成了人类的故事。

“我将以一段警示开启我们的蚁学之旅。在道德层面上，我想象不到蚂蚁的生活中有任何一点是值得能够或应该去仿效的。”威尔逊就是用这段话开篇的，对他的批评者来说，这无疑是“此地无银三百两”！在“性别平等”大辩论以及“Me Too运动”的当下，下面这些话对很多人来说，显然不会是那么悦耳的：“首先，也是最重要的，蚁群内活跃于社会生活的都是雌性。在一切人类活动中，我都忠实地站在女性这边，但是在蚂蚁的世界里，我不得不承认在其生存的1.5亿年间，两性自由主义已经失控了。雌性蚂蚁拥有完全的主导权。你看到的所有忙于劳动，忙于探索外部环境或参战（全面的蚂蚁战争）的蚂蚁都是雌性。相比雌性，雄性蚂蚁就显得格外可怜。”他似乎完全没有必要这么写，但如果不是这样的话，那也就不是E.O.威尔逊了！

这本书虽然体量不算太大，但内容相当丰富。作者选取了26个与蚂蚁有关的故事，生动地讲述了他一生的科学探索经历。从十岁时与同龄小朋友埃利斯在华盛顿找到“劳动节蚂蚁”，到亚拉巴马小镇布鲁顿附近发现的很多蚂蚁和其他动物（他的小说《蚁丘之歌》就是以此为原型的）；从在亚拉巴马大学读大一时迷上了行军蚁，到在墨西哥湾首次发现了南美洲的入侵物种火蚁；从研究蚁群的社会性，到研究世界上多达15 000个不同物种的蚂蚁；从跑得最快的到最慢的；从最凶狠的到最“与人无害”的；从天上飞的到水里游的；从恐龙时代的蚂蚁到现今无处不在的蚂蚁……威尔逊是享誉全球的顶级“蚂蚁专家”，这本书里记载了他与蚂蚁之间的一辈子不解之缘，内容真是精彩纷呈。

为了避免进一步“剧透”，我就此打住对书里内容的评介，强烈推荐读者们亲自去阅读这本书；不管你是什么年龄或职业背景，都一定会被这本小书吸引。因为这不仅是一本探险的故事，更是一本爱情故事——它讲述了作者一生对蚂蚁这种动物界里的“小人物”难以割舍的爱！请看作者如何教导我们在遭遇这些小家伙们时，该怎样去善待它们：

> 我时常被随口问到：“我该怎么对待厨房里的那些蚂蚁呢？”我的回答是，注意你的脚步，小心那些小生命，考虑成为一名业余蚁学家吧，为研究它们贡献一份力量。再者，为什么这些奇妙的小昆虫不能参观你的厨房呢？它们不携带疾病，或许还能帮助你们消灭那些真正携带病毒的昆虫。你比它们任意一个都大百万倍，双手就能把整个蚁群捧在手心。是你吓到了它们，而不应该是它们吓到了你。

至此，他还言犹未尽，希望你能捧出“美味佳肴”来款待它们：

> 我建议你对在厨房看到的蚂蚁物尽其用。比如说，喂养它们，并思考你的所见，就当是一段非正式的异域之旅。在地板或水槽里放几片指甲盖

大小的食物。室内的蚂蚁十分喜欢蜂蜜、糖水、坚果碎屑和金枪鱼罐头等食物。

如此温馨美妙的小书，读者诸君如何能错过它呢？阅读它，应是我们对威尔逊教授最诚挚的怀念和敬意。

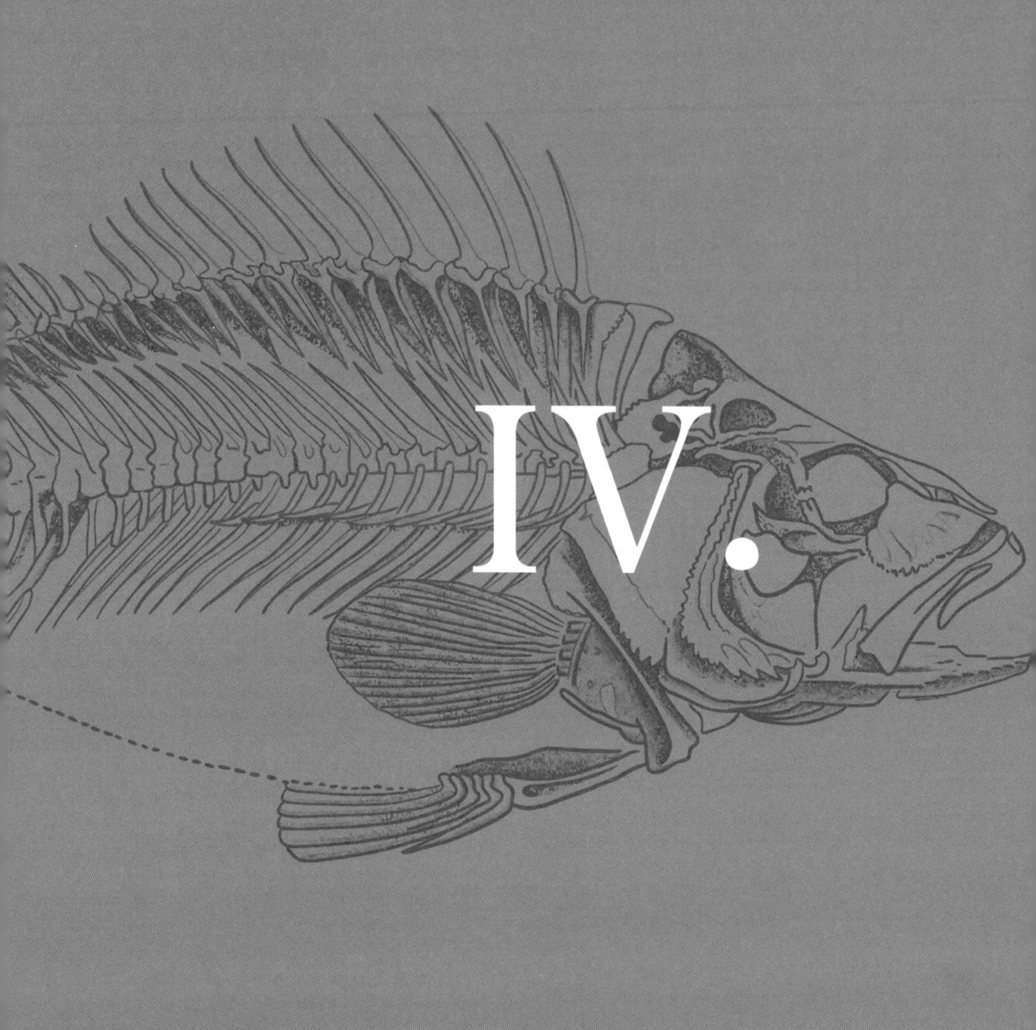

IV.

◇2019年7月19日

◇2019年5月17日

◇2018年4月12日

◇2014年7月15日

◇2014年7月13日

多学科的科普文汇

◇ 2023年11月1日
◇ 2023年6月9日
◇ 2022年11月25日
◇ 2022年9月23日
◇ 2022年8月19日
◇ 2022年6月
◇ 2021年12月1日
◇ 2021年4月22日
◇ 2020年8月27日
◇ 2020年5月
◇ 2020年3月19日

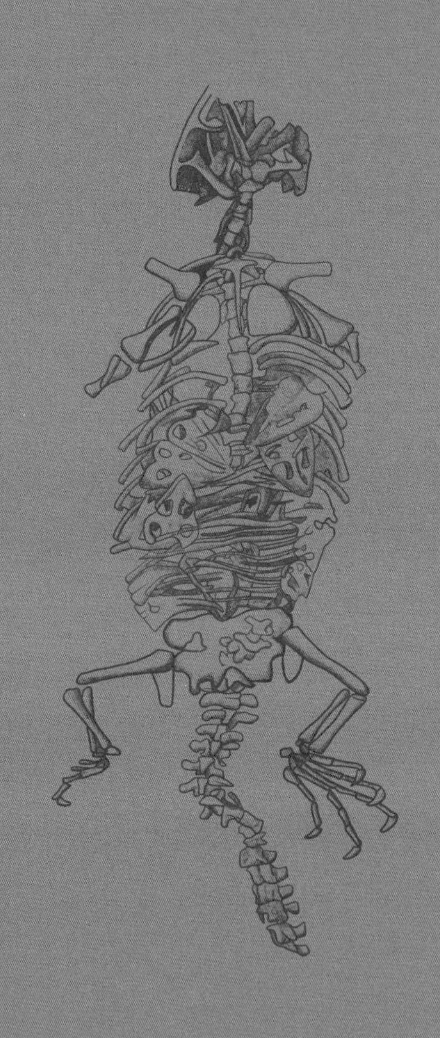

原载于《人民日报》"读书论世"专栏。

让"黑暗中的烛光"普照

已故美国天文学家、科普作家卡尔·萨根在其成名作《宇宙》一书中写道："地球上没有其他物种在做科学研究。迄今为止这完全是人类的发明，这是大脑皮层通过自然选择演化而来，只为一个简单的理由：它奏效。它并不完美，它会被滥用，它只是一种工具，但目前它是我们所持有的最好工具——自我纠正、不断发展、用于一切。"因此，在发达国家，多数人对科学技术均持肯定的态度，公众期待从科技人员的发明创造中获益。譬如，一旦一些消费品被声称为"经过科学检验"或"被科学证实"的话，人们对其信心便会增强；对转基因食品的安全性的争论，略见一斑。

科学的兴起，结束了中世纪的愚昧和黑暗。如果说科学是“黑暗中的烛光”的话，那么科普就是让“烛光”普照天下的不二法门。事实上，在科学发展初期，科学研究和科学普及一直是并驾齐驱的，从哥白尼的日心说到达尔文的演（进）化论，都不是仅供象牙塔里的科学家们“把玩”的，而是为大众所广泛关注的话题。《物种起源》是写给包括科学家在内的所有人看的，尽管它涵盖了博物学、地质学、生物学、生态学、行为科学等诸多领域的繁杂内容，却写得深入浅出。故该书通俗但不流于肤浅、生动而不失严谨、语出平凡却又不失科学正典之庄重。赫胥黎则是维多利亚时代的另一位科普大师，他曾以“粉笔的由来”为题，给英国的煤矿工人们讲述白垩的形成、煤系地层以及英国的地层古生物学。近一个世纪前，英国达西·汤普森爵士的名著《生长与形态》问世，一直被誉为科学与文学结晶的光辉典范。爱因斯坦曾用生动有力的例子，来解释其相对论中一些颇难理解的概念，更为大家传为美谈。诺奖得主、英国著名物理学家卢瑟福曾说过一句令人难忘的话：“不能向酒吧的侍应生解释清楚的理论，都不算是好理论。”在中国，从鲁迅开始及至竺可桢、华罗庚、杨钟健、高士其、叶永烈等先生，都对科普工作做出过重大贡献。

自二战以来，科学有了迅速的发展，分支也越来越多、越来越细，许多科技新知，不仅大众难以及时了解，甚至于连专业之外的科研人员也不可能全面关注和深入了解，这就提高了科普工作的重要性和迫切性。同时，随着政府加大对科技事业的经费投入，科普工作又有了新的社会责任和功能。换言之，现在的科技人员不仅有义务向大众传播科学知识、分享科学的美妙和研究的乐趣，而且有责任通过科普的方式感谢和回馈纳税人的支持、提高民众的科学素养、激发民众的科学思维、警示民众对伪科学与反科学的识别和抵制、为政府的公共事务决策提供科学咨询等等。最著名的一例是，美国海洋生物学家蕾切尔·卡森于1962年出版的《寂静的春天》，立即引起了人们对农药污染环境的极大重视，10年后美国全面禁止将DDT用于农业，这种科普无疑是拯救环境、造福人类的一个典范。另一方面，科研人员通过科普活动中的著述、演讲、为科普影视做咨询等，也有不同程度的、合法的经济收益，而像萨根、霍金、古尔德（《熊猫的拇指》作者）、道金斯（《自私的基因》作者）这些科普大腕们的科普收益，更是十分丰厚可观，这种激励机制造成了发达国家科普事业的欣欣向荣和良性循环。

反观中国的情形，并不乐观。在“科教兴国”的口号下，尽管科学事业有了巨大和长足的发展，尤其是近年来，政府出台了一系列对科研人员的鼓励办法，使中国迅速变成了科技论文大国；然而，科普事业却成了这只木桶上的短板。首先，科研人员从事科普工作，不仅得不到鼓励，反而常常会被视为不务正业，在职称评定、课题申请上，科普作品都难登“大雅之堂”；不仅如此，在各种鼓励机制水涨船高的情况下，科普作品的稿酬却依然出奇的低微，造成了科研人员不太热心科普事业的现状。尽管尚有一些从事科普工作的人在不懈努力，并时有佳作问世，但总的说来，原创科普佳作远少于译介作品；而翻译稿酬更低，难以吸引高水平的译者，因此市面上有不少低劣的科普译作。相比大陆，台湾地区的情况更好一些，有不少质量较高的译作。希望有关方面对这一差距予以深思，并推出新规、繁荣科普，若果如此，则是中国民众之大幸，更是求知若渴的青少年读者们之大幸。

科普这块阵地，科学家们不去占领，伪科学和反科学的势力就会去占领。例如，在美国，神创论与演化论之间的斗争，从未偃旗息鼓。我新近翻译了《物种起源》第二版并编著了这本书的少儿彩绘版，在回国举办讲座的过程中深深体会到：尽管中国是民众接受进化论比例最高的国家之一，但人们对进化论的了解却十分肤浅、贫乏甚至存在很多误解。而充斥于各种出版物以及常常挂在人们嘴边的“物竞天择”和“适者生存”，却带有浓厚的社会达尔文主义色彩，实际上是背离达尔文思想精髓的。凡此种种都说明，要想提高全民的科学素养，使科学事业的发展具备肥沃的土壤，必须高度重视科普工作，积极鼓励科研人员从事科普创作。毕竟，科研人员才是科普事业的主力军。

不久前，美国公共电视台播出了一个三集系列的科普节目，制作精良、收视率很高。节目的名字叫《来自鱼儿的你》，是根据同名的科普畅销书制作的。该书的作者是我的同行——古生物学家、美国科学院院士、芝加哥大学医学院院长尼尔·舒宾教授，该书以及这套电视节目通过对人体胚胎发育、残迹器官、解剖等特征与鱼类的比较，加上大量的脊椎动物化石证据，生动地讲述了从鱼到人的演化历史，并借此普及了演化论的基础知识，十分精彩。我边看边想，如果有一天，中国的科普作品也能达到这样的水平，其意义恐怕比有那么一两位中国科学家获得诺贝尔奖还要深远！中国一流的科学家中能涌现出像舒宾这样的科普作家，应成为“中国梦”的一部分。

不过，我也欣喜地看到，像中国科学院院士周忠和（《十万个为什么》古生物卷主编）以及北京大学饶毅教授这样一些科研领域的学者，业已开始身体力行地推进科普事业的发展。“小荷才露尖尖角”，期盼满湖映日红。我希望有更多的中国科学家积极地加入他们的行列，加入这项了不起的事业。

2020年
5月

原载于《科学》，2020年5月第3期；"知识分子"于2020年4月20日转载：http://zhishifenzi.com/depth/depth/8808.html；《新华文摘》2020年第17期转载。

病毒与人类爱恨交织的协同进化关系

病毒与人类之间的协同进化关系源远流长。在人类演化史上，病毒使人类备受侵害、甚至死亡，但是倘无病毒相助，恐怕地球上压根儿就不会出现人类。因此，科学家们认为，病毒是人类演化最有力的驱动力。目前肆虐的新冠肺炎病毒，最终或将消失，或将变异成无害的"垃圾基因"，进入人类基因组保存下来，在未来适当的时候，成为有用的内源性逆转录病毒基因服务于人体。这便是达尔文生物演化论和分子生物学给我们描绘的美丽新世界。

自古以来，人类就不断地受到各种传染性流行疾病的侵扰，严重时可造成千百万人口的死亡。在现代科学出现之前，人们不知道这些流行病是如何引起的；大多数情况下，甚至连是什么病都不清楚，便笼统地称之为“瘟疫”。比如，由天花引起的瘟疫，至少可追溯到2 000年前。不仅人类自身，而且人类饲养的家禽和家畜，常常也难逃感染瘟疫的厄运。

华佗无奈病毒何？

17世纪下半叶，荷兰人列文虎克（A. van Leeuwenhoek，1632—1723）发明了光学显微镜，人类首次在显微镜下观察到完整的活细胞，也才有可能开始研究原先肉眼看不到的微生物世界。使用光学显微镜，虎克首次发现了细菌。随着光学显微镜的发明及细菌的发现，由细菌和寄生虫引起的一些疾病和瘟疫，逐步被科学家所认识和征服。比如，以法国微生物学家巴斯德（L. Pasteur，1822—1895）为代表的科学家，研制了各种疫苗，使天花、狂犬病以及炭疽病等得到了有效的防治。巴斯德还发明了杀菌的消毒方法，大大地减少了细菌感染的疾病及其引起的瘟疫。此外，抗生素的出现，也有效地抑制了细菌感染所引发的瘟疫。然而，直到20世纪初，还有一些“隐形杀手”依然“逍遥法外”，因为有许多疾病和瘟疫显然不是细菌和寄生虫引起的，而且抗生素药物对它们也完全无效。那么，这些“隐形杀手”究竟是谁呢？

20世纪30年代，德国工程师鲁斯卡（E. Ruska，1906—1988）发明了第一台电子显微镜，其分辨率比传统光学显微镜一下子提高了400多倍，此后仅隔20来年，电子显微镜的放大倍数猛增了10万倍，使科学家看到了比细菌小很多的东西。这一“隐形杀手”终于在强大的电子显微镜下现出了原形！科学家给它起了个名字——病毒（virus），它在中古英语里的本意是“蛇毒”。然而，这个词在拉丁语中的本意就更有意思了，既是蛇的毒液又是人的精液，也就是说它既能毁灭生命又能创造生命。后来的科学发现表明，它的拉丁语原意竟是千真万确的。

介于化学与生物学之间的病毒

19 世纪生物学的一项重大发现是细胞学说，它是虎克光学显微镜观察到活细胞后的直接结果。多数生物学家认为，大自然中的所有动物、植物以及微生物都是由细胞组成的，它们的遗传、变异、繁殖、发育、生长、分化以及新陈代谢等，都是细胞活动的体现。因此，细胞是生命体的建筑模块（building blocks），即生命的基本结构和功能单元。换言之，有没有细胞、是否具有代谢功能以及能否自行繁殖，自然也就成了生物学上定义生命的标准。

然而，科学家发现，病毒却没有细胞。病毒是极其微小的颗粒，一般不超过 300 纳米长（1 纳米约等于 1 毫米的百万分之一），比细菌小 1 000 倍，而细菌比大多数人体细胞要小很多很多。病毒的核心是包含遗传信息的遗传物质（即核酸），外面有蛋白质保护壳。病毒的遗传物质是 DNA（脱氧核糖核酸）或 RNA（核糖核酸），它们作为遗传密码的载体，能够自我复制，产生新病毒。因此，病毒实际上已具有了活细胞的一些特性，比如遗传与繁殖。可是，病毒又与生物体不一样，它没有新陈代谢功能，它不能吃不能喝，当然也就不可能把食物转化成能量。它缺乏核糖体（即核蛋白体），因此不能从信使 RNA 分子中自主生成蛋白质。由于缺乏这些基本的生命功能，它不能自行繁殖，必须寄居在生物体的活细胞内才能繁殖。这就是为什么病毒一定得要感染其他生物细胞才能繁衍，它所寄居的生物体称作“宿主”。

总之，一般认为，病毒不能被直接定义为生命，却能通过感染细胞表现出基本的生命特征。换句话说，病毒介于生物与非生物的交界处。不过，也有人主张，也许病毒在“生命之树”上代表一种不同的有机物，可以称作衣壳编码有机物（capsid-encoding organism）。

病毒与人类宿主间的共生关系

病毒与人类之间的“亲密”关系源远流长，自人类起源以来，流行病与我们如影随形。近年来科学家利用基因组学大数据分析发现，自人类与黑猩猩“分手”以来，近三分之一的蛋白质适应演化都是由病毒驱动的，而背后真正的推手是自然选择。在人类演化过程中，当瘟疫出现时，被病毒袭击的宿主，要么自身产生抗体得以适应而生存下来，要么死亡乃至于灭绝。但这些宿主的灭亡，对病毒来说其实并非是好事，如果宿主灭亡了，除非病毒立即找到新宿主，否则便与原来的宿主“同归于尽”了。显然，这无异于是自杀行为。因此，一方面病毒不得不减弱毒性；另一方面，宿主的免疫系统也会“全面反击”病毒的侵害。人体内蛋白质有许多功能，有时只要对其性状与组成进行细微的调整，就可以击败病毒。有意思的是，最近的研究表明，不仅免疫系统的细胞蛋白质有免疫功能，而且几乎所有细胞的蛋白质在接触病毒时，都能参加“抗疫战斗”！这种免疫系统外的“战斗者”不少于免疫系统内的“战斗者”——可以说是“众志成城”（科学家至少找到了 1 300 多种蛋白质具有“免疫功能适应性”）。由于病毒试图“劫持”宿主细胞的所有功能来自我复制并蔓延，因此它们自然会驱动宿主使用自己身上所有的细胞“武器库”来予以反击。对宿主来说，这类在病毒面前所面临的“生与死”的选择压力，实际上比猎食者的捕猎以及其他环境变化的自然选择压力更大。所以，病毒与人类的协同进化，堪比苏美冷战时期的军备竞赛：花样翻新，魔高一尺道高一丈。所以，病毒学家与人类学家一致认为，病毒是人类演化最有力的驱动力。

近些年来的人类基因组研究揭示，我们的基因组里有成千上万病毒基因的痕迹，而这些病毒基因的频繁变异以及新病毒基因的侵入，无时无刻不在发生着。我们周围的病毒，简直无处不在，毫不夸张地说，我们生活在病毒的汪洋大海之中。美国著名科普作家齐默（C. Zimmer）曾写过一本书《病毒星球》，他指出，地球上生命的基因多样性很大一部分即蕴藏在病毒之中；我们呼吸的氧气，其中很大一部分是在病毒帮助下产生的；连地球的温度都与病毒活动息息相关。我们人类基因组的一部分就来自感染了人类远古祖先的上千种病毒。地球上的生命，很可能就是在40亿年前从病毒起源的。我们与病毒之间的关系，真是“剪不断理还乱”。病毒是我们既不想要、但又离不开的“老朋友”。

没有病毒就不会有人类

1960年代末，美国麻省理工大学生物学家马古利斯（L. Margulis，1938—2011）提出了共生进化假说。她认为，除了“生存竞争、适者生存”的自然选择机制之外，共生合作也在生物演化中扮演了相当重要的角色。尽管她的研究主要集中在微生物与宿主之间的共生与协同进化关系方面，其实病毒与宿主之间也存在着类似的关系。科学家最初发现的证据是一种叫作合胞素的蛋白质。

早在1973年，科学家就在人体胎盘内发现了逆转录病毒的踪迹，次年又在基因组中发现了病毒的逆转录序列。更有意思的是，人类基因组中的逆转录序列不再具有传染性，已通过变异而变得无害。不特此也，到1990年代，科学家进而发现，人类基因组中的逆转录序列高达8%，它们不仅失去了原有的毒性及传染性，且通过变异之后，还成为了“有用之材”。

最令人惊奇不已的是，由逆转录病毒基因片段形成的蛋白质，竟在有胎盘类哺乳动物（包括人类在内）的胎盘起源中起到了至关重要的作用。胎盘在哺乳动物胚胎形成的早期即出现，也就是受精卵在子宫内着床后不久，即形成了紧靠子宫壁的合胞体滋养层。如此一来，胎盘在母体与胚胎之间建立了一道“缓冲区”或“防火墙”，将母子两套不同的免疫系统隔离开来，不至于相互排斥残杀。否则，胎儿在母体内根本就没有成活的希望。此外，胎盘还是母体与胚胎之间的“转接器”，通过这个转接器，母体内的养分和富氧气体输送给胎儿，并把胎儿新陈代谢废物和低氧废气通过母体排送出去。

如此重要和神奇的器官（尽管是临时性的），竟是由逆转录病毒基因生成的，这是何等奇妙和不可思议啊！人类基因组中的这一逆转录病毒基因生成的蛋白质，现在称为内源性逆转录病毒糖蛋白或合胞体蛋白，简称合胞素。它能够溶解相邻细胞间的细胞膜，从而形成有多个细胞核的合胞体结构，最后形成胎盘。如果没有胎盘的话，人类就只能像所有卵生动物那样，在小小的蛋壳内发育，仅靠蛋黄内储存的那么一点儿养分来“苟延残喘”。有了胎盘，胎儿才能舒舒服服地在母体内待上 9 个月，有足够的时间和条件发育出硕大聪明的脑袋。另外，研究表明，孕妇中常见的妊娠毒血症，就是母体内合胞素水平下降引起的。

“病树前头万木春”

在谈病毒色变的时下，我们来进一步认识一下病毒在生物演化中的重要作用与意义，应该是大有裨益的。病毒是著名生物演化论学者道金斯（R. Dawkins）所说的严格意义上的“自私基因的复制器”，由于它们复制和传播的速度惊人，因而在演化过程中，被其生物宿主“驯化”（domesticated）后为已所用，便是再顺理成章不过的事情了；一如人类驯化了许多自然界的敌人，比如把狼驯化成狗，为自己牧羊、做伴，成为人类的好朋友。故此，有人把生物演化比作是“修补匠”（tinker），它不需要超自然的（即神创的）全新部件，只需要生物演化过程中长期积累起来的变异就足够了，把这些现成的“垃圾基因”修修补补，就像前述的逆转录病毒那样，在演化的关键时刻被用来化敌为友、化废为宝。因此，病毒是生物演化的强大推动力。这都缘于它们演化速度极快、并不易遭到灭绝，给变异提供无限的机会和可能。对于缺乏病毒前述“可塑性”的“高等”生物来说，病毒可以成为它们随时“借用”的宝贵资源。正像达尔文在《物种起源》结尾中所写的那样：“经过自然界的战争，经过饥荒与死亡，我们所能想象到的最为崇高的产物，即各种高等动物，便接踵而来了。生命及其蕴含之能力，最初注入到寥寥几个或单个类型之中……无数最美丽与最奇异的类型，即是从如此简单的开端演化而来，并依然在演化之中；生命如是之观，何等壮丽恢弘。”

长期以来，达尔文的生物演化论之所以不受许多人待见，主要就是因为它揭示了我们人类的卑微起源这一事实。刻意掩饰自己的卑微身世，似乎是人们最常见的虚荣心表现。走笔至此，笔者突然想到爱尔兰诗人叶芝（W. Yeats，1865—1939）在《最后的诗》（*Last Poems*）中所写到的：“我必须躺在所有梯子的起始之处，在心底污秽的破布与骨头铺子里。”他在暮年之际，借此一吐胸中块垒：无论内心深处所有的感觉有多么污秽与肮脏，我们必须正视它们，方有可能追回那逝去的诗的灵感来源。

同样，在产房里，当一个新生儿呱呱落地的时候，大家的目光都注视着宝贝般的新生命，胎盘则被当作肮脏之物，被随手扔进生物废料垃圾桶里。很少有人会去想，哪怕世上最高贵的人物，也是随着那块肮脏之物来到这个世界的；追根寻底的话，甚至于来自更加微小的病毒。总之，生物演化论启示我们：目前肆虐的新冠肺炎病毒，最终或者消失，或者变异成无害的“垃圾基因”，进入人类基因组保存下来，在未来适当的时候，成为有用的内源性逆转录病毒基因服务于人体。这便是达尔文生物演化论和分子生物学给我们描绘的美丽新世界。

2014年
7月13日

写于美国堪萨斯大学

原载于《生命的奇迹》，人民邮电出版社，2014。

《生命的奇迹》序

世界是多元的，但人们的世界观常常是二元的。

能够跻身于牛顿和达尔文之列、死后葬在威斯敏斯特教堂的科学家寥寥无几，而号称为原子核物理学之父的欧内斯特·卢瑟福便获此哀荣。卢瑟福生在一个物理学鼎盛的时代，当时的物理学已建立了严密的体系和理论架构，而其他学科（尤其是生物学）还处在猜测或分类描述的阶段，因此，卢瑟福可以志得意满、居高临下地把科学分成"二元"："科学研究，除了物理学之外，都是在玩集邮。"

中国人常说：风水轮流转。二战之后，物理学一度似乎日薄西山，物理学家们也纷纷由“吃战争饭”而改换门庭。从发现DNA双螺旋结构之一者的英国物理学家弗朗西斯·克里克，到我国著名理论物理学家郝柏林，都是从物理学高台（high table）上走下来、放下身段来玩生物学这种集邮玩意儿的，而且玩得走火入魔、炉火纯青。信不信由你，你手中这本书的作者布赖恩·考克斯，也是一位物理学家，严格地说是一位高能物理学家，他竟然也来趟《生命的奇迹》这一浑水！

考克斯可不是我们平常心目中的陈景润式的科学家。他在进入曼切斯特大学学习物理学之前，是一个小有名气的摇滚乐队的键盘手，在读研期间，还参加过一个名噪一时的摇滚乐队——他在科学界成名之前，就已经是明星级的摇滚乐手了。他把他超群的表演天赋带进了科学。按照二元论来说，你要么是天生的明星，要么是芸芸众生，考克斯显然是前者。

考克斯不仅表演一流，人也长得帅——英国BBC无论如何是不会放过这条大鱼的。他在科学领域刚一出道，BBC就拉他做电视科普节目，最有名的莫过于最近的“‘奇迹’系列”三部曲了：《宇宙的奇迹》《太阳系的奇迹》《生命的奇迹》。它们像1979年大卫·爱登堡（David Attenborough）在BBC上做的《地球上的生命》节目一样，被人们所喜爱甚至于追捧。我来拾卢瑟福的牙慧：电视科普节目，除了BBC之外，都是小儿科。

你手中的这本书就是BBC五集电视系列片《生命的奇迹》的衍生读物。有人也许会好奇地问：电视节目有声（音乐、解说词）有色（图像），还有必要读书吗？别人我不了解，就我本人而言，电视上看的如同过眼烟云，只有写在书上的，读后才会留下深刻的印象。好像在学习上也分“二元”：有些人靠听课，有些人靠读书，而我属于后者。

我在翻开这本书之前是心存疑虑的。作为古生物学家，我深知在科学上“隔行如隔山”，跨领域地去玩票，似乎是治学之大忌。可是，看完这本书后，我不得不佩服作者的机巧：按照我们老家的土话说，他是小孩子吃烤红薯，捡熟的往外掏。他在生命的物理性质上大做文章，这样便可做到扬长避短。例如，他大谈生命之美，美在遵循能量和热力学第一定律；生命起源与薛定谔悖论；生命对水的依赖以及水的物理性质（从中我们还了解到，若不是由于科学家疏忽的话，水的分子式实在该是 O_2H，而不是现在的 H_2O！）；“大小很重要”，大小这个物理因素决定了很多生物的不同生活方式及其对环境的临界承受能力——连邓老爷子都知道，天塌下来有高个子们顶住。我也曾想到过：姚明走出去很风光，但在日常生活中一定有诸多不便，譬如他在使用公共厕所的小便池时，就会很难堪；动物的听力和视觉所涉及的声学和光学原理；伟大的生命循环——碳循环……这是一位物理学家眼中生命无比奇妙的美景，却又往往是被我们生物学家所忽视的地方。

诚如达尔文在《物种起源》一书的结尾写道：“生命及其蕴含之力能，最初由造物主注入到寥寥几个或单个类型之中；当这一行星按照固定的引力法则持续运行之时，无数最美丽与最奇异的类型，即是从如此简单的开端演化而来、并依然在演化之中；生命如是之观，何等壮丽恢弘！”此处的“引力法则”是物理的，而达尔文此前还提到的“这些精心营造的类型，彼此之间是多么地不同，而又以如此复杂的方式相互依存，却全都出自作用于我们周围的一些法则”——这些法则中不少也是物理的，因此从物理学家的视角来观察生命现象，不仅是别具一格的，也是至关重要的。我相信，读罢此书，读者们除了学习到很多生命的物理学知识之外，也分享到了作者跨学科研究的愉悦。

对这本书我唯一要吐槽的是：作者大人，我们知道您是帅哥，可您也不必放那么多的玉照在书中呀，这让像我这样并不那么帅的作者情何以堪啊。

最后，我得夸夸这本书的年轻译者闻菲。该书的译文十分优美流畅，很少有一般译作中所常见的西式句子，平心而论，我就做不了这么好。虽然我没有时间将译文与原著对照着读，不敢说本书译文无一疏漏，但即便是译著等身的翻译名家，恐怕也不敢如此自诩吧。翻译真不是一件容易的事，像我们这种一生在两种语言和文化中厮混各半的人，有时候还会出错，我们也自然不能去苛求年轻人在翻译过程中要万无一失了。相反，对于她这样慧心勤勉的年轻译者，我们欠她的是拍拍她的肩膀、向她竖起我们的拇指。

2018年
4月12日

写于美国堪萨斯大学
自然历史博物馆暨生物
多样性研究所

原载于《听化石的故事》，科学普及出版社，2018。

《听化石的故事》序

在世界（包括我国）的自然历史类博物馆中，中国古动物馆虽然算不上规模很大、历史很久，但却独具特色、闻名遐迩。因为它有一个在国际上名气很大、科研实力颇强的"国家队"——中国科学院古脊椎动物与古人类研究所为依托。但凡国际上著名的自然历史博物馆，譬如巴黎国立自然历史博物馆、伦敦自然历史博物馆（即原来的"大英博物馆"）、斯德哥尔摩的瑞典自然历史博物馆以及纽约的美国自然历史博物馆等，无一不拥有世界一流的科研团队。只有这样，它们的展览内容才能及时反映出具有国际水平的最新科研成果。中国古动物馆也是如此；你手中的这本书向你所展现的，正是这一点——在我看来，它恰恰也是一个博物馆的灵魂。不少博物馆常常会标榜它们的所谓“镇馆之宝”，而中国古动物馆则所藏“宝贝”太多，很难做出选择。事实上，本书中所介绍的不少展品，若按通常标准，无疑均能称之为“镇馆之宝”！它们是真正的稀世之宝，世界各地的古生物学专家们，常不远万里，竞相来观察、研究它们。我希望，你们到中国古动物馆参观、面对这些标本时，能够牢牢记住这一点。这也算作是我所介绍的有关中国古动物馆“背后的故事”之一吧。

其次，我想简单介绍一下世界上自然历史博物馆的起源与发展。一般认为，自然历史博物馆起源于18世纪的法国；著名博物学百科全书《自然史》的作者布封，于1739年7月26日，被法国国王路易十五正式任命为皇家植物园总管。布封在执掌皇家植物园近半个世纪中，广为收集了世界各地的动植物、矿物等博物学标本，皇家植物园内的众多“奇珍柜”（cabinet of curiosities），也便是后来自然历史博物馆的雏形。法国大革命之后，新政府在此基础上，正式建立了巴黎国立自然历史博物馆。及至19世纪，以英国为首的欧洲新兴资本主义国家，开始对外大规模扩张，殖民主义者以及博物学家们，从世界各个角落，带回在当地采集的五花八门的博物学标本。这也是近代欧洲博物学发展的黄金时代，而德国的洪堡、英国的达尔文与华莱士，便是那个时代家喻户晓的博物学家代表人物。自称为达尔文的“斗犬”、写过《进化论与伦理学》（即严复所译《天演论》）的著名英国解剖学家赫胥黎，也是当时最负盛名的博物学家之一。为了与强大的宗教势力分庭抗礼，他与其同事们几乎以“宗教般”的热情，来宣传达尔文的生物进化论。按照著名科学史家鲁斯（Michael Ruse）的说法，他们甚至为其“新宗教”建造了“教堂”，不过他们没有称其为教堂，而是叫作“博物馆”罢了。通常信教的人家，一家大小会在星期天上午去教堂“做礼拜”，而赫胥黎一帮人则鼓励大家星期天下午携家去自然历史博物馆，参观各种引人入胜的化石展品——因为这些化石都是生物演化的实证。也正是差不多同一时期，美国的古生物学家们开始在美国西部发掘出那些奇奇怪怪的史前动物化石，譬如：背负棘板的剑龙、生有四个脚趾的小马——始祖马等等。此后，大大小小的自然历史博物馆也在美国各地雨后春笋般地出现了。

改革开放以来，中国的博物馆事业有了蓬勃的发展。也正是在改革开放的初期，中国科学院古脊椎动物与古人类研究所新建了一座办公大楼，并借机在新楼外侧专辟空间、建立了对外开放的中国古动物馆，以推进科普工作。近 10 多年来，在所领导和全所职工的大力支持下，经过王原及其众多小伙伴们的辛勤努力，不仅各展馆全面“旧貌换新颜”，而且包括“小达尔文俱乐部”在内的各种科普活动，也办得风生水起、多姿多彩。我十分欣喜地看到，现在王原与他的四位小伙伴又编著了这本集导览与科普于一体的好书。我在此郑重地向大家推荐这本书。我相信，已经参观过中国古动物馆的读者朋友们，读了这本书，定能温故知新，很可能还想“二进宫”“三进宫”……再访中国古动物馆。尚未参观过中国古动物馆的读者朋友们，读了这本书，定会激起强烈的好奇心与欲望，计划尽快去参观中国古动物馆。我想，届时你们已经做足了功课，持此一书在手，连解说导游都不需要，便可按图索骥并能如数家珍，没准儿还会引来游客中许多艳羡的目光呢。

最后，我衷心期望：喜欢这本书以及眷顾中国古动物馆的朋友们，今后会继续大力支持我们的事业，谢谢！

2019年
5月17日

原载于《中国科学报》。

至大极简的《DK大历史》

什么是大历史？我最初接触到这个词，是30多年前读“闲书”时，曾读了历史学家黄仁宇先生的“China：A Macro History”（中译本书名为《中国大历史》）。黄先生那本书给我的印象之深，在于他把5 000多年的中国史写在200多页的一本小书里，大气磅礴、提纲挈领。他在自序里称，他是受到了“宏观经济学”研究的启示，“将宏观及放宽视野这一观念导引到中国历史研究里去”。其特点是：历史背景宏大，史料高度浓缩，运用归纳法、从政治组织架构、经济财政体制等多角度去检视与解读历史。

相形之下，《DK大历史》（*DK Big History*）则是一部比任何一个国家的历史或世界史更为宏大的宇宙大历史，即上至天文、下至地理、乃至于生命、人类、社会、文明等无所不包！用被誉为“大历史之父”大卫·克里斯蒂安的话说：大历史“涵盖了宇宙中一切时间内一切可观察到的事物，它可追溯到138亿年前开天辟地的宇宙大爆炸……”它“会告诉你，我们的世界如何变成今天的样子……你还会从中了解到，人类这个物种在这个宏大的故事中扮演的奇妙角色”。

大历史研究项目的“金主”之一比尔·盖茨对“大历史”则总结如下：“毫不夸张地说，大历史可以为我们理解自宇宙大爆炸至今的一切历史提供框架。通常，在学校里，科学和历史是分开教授的——有专门的物理课，也有专门的讲述文明起源的课程——但是大历史打破了这一界限。每当我学到新知识，不论是生物学的、历史学的，还是其他任何一门学科，我总是会努力将它放置在大历史的框架中。再也没有其他课程会对我看待世界的方式产生如此之大的影响。”此外，对长达138亿年的宇宙间万物的历史的描述，《DK大历史》只用了不到400页的篇幅，它的极简程度可想而知。它是如何做到的呢？

该书开宗明义，先回答读者脑子里的首要问题：“什么是大历史？”

简言之，“大历史是关于你和我从何而来的故事”，即现代版的起源故事。这些起源的故事是通过8个临界点的发生来进行阶段性叙述的：大爆炸，恒星诞生，元素产生，行星形成，生命出现，人类进化，文明发展，工业兴起。而这8个阶段的故事，都是通过大量图片、图表以及简短的文字来表达的。每一临界点均以“适当条件”开始，用两张图来表现临界点出现的各种适当条件。继而，简要介绍该阶段所发生的主要事件，有时辅以“确凿证据”。在几个重要的临界点部分，还增添用双开插页呈现的“大理念”与“大事年表”，以解释引入的新概念以及一系列大事件的时间尺度。因此，在这本 300 多页的“大书”中，文字只占一小部分。

开篇伊始，该书编者们就对大历史的功用，表现出满满的信心：“大历史帮助我们质疑我们所看到的一切和我们认为我们所知道的一切”；“在现代知识高度多样化和复杂化的表面之下，仍然具有基本的统一性和一致性，确保不同尺度的历史仍然能够相通。”也许大家好奇，《DK 大历史》果真达到这一目标了吗？

读完《DK 大历史》，我首先感到这似乎是大卫·克里斯蒂安等人 2013 年那本《大历史：从无到万物》（*Big History: Between Nothing and Everything*）的普及版。当然，一如多数 DK 出版物，DK 所拥有的强大写作、插图与设计团队，使《DK 大历史》更加给人以图文并茂的视觉好感。尤其是该书具有大开本对页展开的优势，使一些临界点的“大理念”与“大事年表”的呈现，十分出彩。比如第 206—207 页“创造力的诞生”，将自 20 万年前智人出现后的 10 万年内人类从使用皮革、缝制衣服、热处理石器工具、制造贝壳串珠装饰品等直到丧葬习俗的出现，再到其后的动物家养驯化以及农业社会的诞生，一系列重大的创造力事件被展示得清晰直观、一览无余。而第 350—351 页的“进入人类世”，则把“人类世”这一新的地质时代的“大理念”阐述得简明易懂，人类的集体学习能力所带来的知识积累与传承、科技进展（工业化、原子能利用等）以及经济、人口和能耗的“大加速”（the Great Acceleration），使其对地球能够施加前所未有的、真正意义上的全球性影响。因此，在“人类世”期间，生物圈变化的主要因素，不再是过去的地质和气候因素，而是人类活动的深刻影响了。

诚然，这种从宇宙起源到人类未来命运、从天文地质生物到人文社会科学的宏大贯通的叙事方式，乍一看，令人眼花缭乱，不明觉厉。但掩卷思定，又感到像是刚参加了一场美食品尝会，每种菜都吊足了你的胃口，可最后你依然觉得饥肠辘辘。这让我不禁联想到前些年那本风靡一时的《万物简史》(作者系美国旅游作家比尔·布莱森)，还曾获得“为宇宙立传，替万物写史”的美誉。但说实话，我觉得该书着实开了不太好的风气，以至于在此之后，五花八门的“简史”竞相进入图书市场。其中以色列的赫拉利推出的一系列的“简史”最为畅销，依我看来，其实很不靠谱。这些书的共同特点就是属于知识性快餐，实乃精神食粮中的“垃圾食品”。

总之，一方面，即令大卫·克里斯蒂安等人2013年那本《大历史：从无到万物》，也受到了褒贬不一的评论。正如有的批评家所指出的，这些大历史学家们，像是一帮登山者一样，在各学科专家们所积累的知识大山上攀登，利用他们的研究成果；只不过变个花样，试图把地球上最近所发生的一切与宇宙间过去曾发生过的一切联系起来而已。毋庸讳言，大历史学家们常常并非是任一领域的专家，因而往往缺少权威性。不过，公平地说，“会当凌绝顶，一览众山小”，站在山顶虽未必掌握真正的知识和全部真理，但毕竟视野广阔得多，比局限在某一领域某些专家的“一叶障目不见泰山”，可能还是略好一点儿。

另一方面，这类书看似百科全书，实则跟《大英百科全书》风马牛不相及。由于我们这个时代是知识信息大爆炸的时代，各学科之间“隔行如隔山”，再也不可能出现文艺复兴时期那种百科全书型的学者。所幸《大英百科全书》坚守住了一个好传统，即每一个条目都是聘请该领域最顶尖的专家撰写的。然而，“简史”、大历史一类的书，大多不是如此(霍金的《时间简史》、黄仁宇的《中国大历史》可算是少数例外)。比如，在《DK大历史》中我所熟悉的生物进化部分，我就注意到几处重要遗漏或似是而非的表述。第128—129页上对“动物生命大爆发”的介绍，竟只字未提近些年来“伯吉斯页岩”动物群之外的一些重大发现。第135页上写古鱼类处，引用了科普作家科林·塔奇（Colin Tudge）的话，而不是著名古鱼类学家科林·派特森（Colin Patterson）的话。第143页右上角“翅膀的构造”那一段介绍，显得含糊不清，有失严谨。除了其权威性不及《大英百科全书》之外，《DK大历史》之类的书，也不像《大英百科全书》那样提供深度阅读的导航。

尽管如此，作为一本“咖啡桌闲书”，《DK大历史》仍然值得推荐。坦白地说，在知识大爆炸、学术专门化的今天，对于芸芸众生来说，从这类书中比较“不费力、无痛感”地获取一般信息，也就够了。或许这就是此类书近些年来畅销的主要原因所在了。对小朋友们来说，他们可以通过书中各学科的比较，也许能发现自己的兴趣领域，为进一步阅读做好准备。对于老年读者来说，面对大历史的恢弘框架，深知人类之渺小，或许有助于树立正确的生死观。如此说来，《DK大历史》不啻是一本老少咸宜的书。走笔至此，我莫名想起多年前看过的电视连续剧《血色浪漫》中的画面：钟跃民跟一帮朋友在家中偷听古典音乐唱片、眉飞色舞地讲述柴可夫斯基……显然，对求知若渴的青年男女们来说，若想以自己的“博学”去impress心底爱慕的对方，《DK大历史》无疑是绝佳的“短平快”读物。最后，我不得不说：做学问的人就不能心存走捷径的杂念，但凡包罗万象、解释一切的东西，都不可轻信。“书山有路勤为径，学海无涯苦作舟”，真正做学问的话，还是要花大力气、用笨功夫、钻研原始文献，方为正途。

2019年
7月19日

原载于《中国科学报》。

九州多禹迹，何日与君评？

——评《给孩子的历史地理》

中国科学院大连化学物理研究所的名字，常常引起行外人的好奇：这到底是化学研究所，还是物理研究所？抑或是化学加物理研究所？谈到历史地理，不了解的人也难免感到类似的困惑。倘若你对此恰好也不甚了了的话，唐晓峰先生的这本小书就是为你量身定做的。千万别让“给孩子的”这四个字做了“拦路虎”——大人读童书，一点也不丢份儿！美国散文大师怀特（E. B. White）的英文原著《夏洛的网》，我每年至少重读一遍，百读而不厌。

有趣的是，唐先生似乎猜透了读者的心思。他一开始就在书的序言中写道，“在专业上的说法是：研究历史时期的地理问题，就是历史地理学，”“其实，许多历史事件都应该把地理加上，加上了，问题才完整，才更明白。”他举例说，比如读鸿门宴的故事，可以问鸿门在哪里？背“白日依山尽，黄河入海流”的诗句，自然也应弄清楚鹳雀楼在何方。

我特别喜欢唐先生这本书，因为它不是板着面孔的专业书，而是妙趣横生的故事书。他从华夏文明的发源起始娓娓道来，讲述了中国6个新石器时代文化地区的形成、分布及其历史演变过程。接而介绍了文化网络的形成、早期文化核心区的显现、黄河长江“两河文明”的脉络以及中国跟域外交流的三大通道：草原之路、丝绸之路和陶瓷之路（即海上丝绸之路）。从地理学的视角来观察文明发展的历史过程，既丰富多彩，又顺理成章。因此，唐先生说，地理不光是知识，还要讲道理。而用通俗有趣的历史地理知识，深入浅出地讲述背后隐含的政治、经济、环境、生态、习俗、人文等方面的深层道理，恰恰是本书的一大特色。

唐先生在本书的第二部分，介绍了中国古代文明属于大地域文明，这与中国独特的地理条件是息息相关的。三山五岳的自然屏障，对先民们既形成了负担、挑战，也提供了资源、财富。要在疆域辽阔、地理复杂的中国建立起一个大社会并进行有效的管理，筑路、造车、建立起完善的驿传系统，至为重要。因此，早在唐代，住在西安的杨贵妃，就能吃上南方的新鲜荔枝；正像杜牧嘲讽的那样，“一骑红尘妃子笑，无人知是荔枝来，”人们还以为是急送国家的军机情报呢。

我们在幼学《千字文》中学过“九州禹迹百郡秦并”。唐先生在本书的第三部分里，介绍了九州和禹迹这两个名词的来历，指出前者的出现晚于后者；禹迹是华夏疆域的第一个名称，而九州是对禹迹的进一步分区，代表了华夏文明最核心的地域。有了分区，便有了分区而治的管理系统。因此，行政区划，不仅是社会分区，也是许多人文地理现象的背景。而“县，可以说是中国人的老家。两个人初次见面，彼此一定会问对方的老家……老家一定在县里。两个人来自同一个县，那是真正的老乡，见了才会两眼泪汪汪。”县是中国人的根，唐先生如是说。这一部分还介绍了司马迁《史记·货殖列传》中的四大经济区划，并以号称“八百里秦川”的关中盆地为例，阐述了区域认同的缘起。我记得，我原先所在的中国科学院古脊椎动物与古人类研究所的始创人之一杨钟健院士，就是以“关中才子”闻名并引以为豪的。

本书余下的几部分，我个人感觉是最为出彩的。第四部分讨论了环境与人文的关系：“环境天设，人文乃成。”唐先生以江南水乡与北方山区不同生态景观的对比为例，讲述了“一方水土，一方人文”的道理。“地理学家常说，人、地是一个系统，人的活动，从大的历史到小的地方风俗，都有环境的影响。”面对不同的环境，便形成了不同的人文风格。为什么南方有许多邻水而建的房子，活像东方的威尼斯，而北方的房屋都远离河岸？此外，为什么南方的桥多为拱桥，而北方的桥却桥面平坦？不同生态功能的需要，带来了迥异的建筑艺术风格，是文化生态学的典型例证。因而，正确处理人与环境的关系，整合自然元素与社会文化要素，既是生态大协作的需要，也是其产物。

第五部分谈“山水艺术”。唐先生从《诗经》《楚辞》讲起，纵观中国传统的山水艺术与自然美学、讲述道教环境观、地理书中的名胜与诗文等。他引经据典，诗文歌赋随手拈来，谈“比兴”与抒情，论“审美”和哲思，兼及中西园林艺术的对比，真是目不暇给、精彩纷呈。

第六部分谈“文化地理”。唐先生从汉代人“百里不同风，千里不同俗”的说法讲起，谈及风俗地理、方言地理、饮食文化地理以及南腔北调的戏曲文化。这一部分同样是我的至爱。唐先生博学多才跃然纸上，令人钦佩不已。

第七部分讨论“王朝都市”。唐先生谈了古代城市的兴起、城市与文化、中西城市建筑的不同格调及其文化背景，从雅典古城到咸阳古城、从长安到北京、从《清明上河图》的繁华市井到紫禁城的空间节奏，贯穿古今、兼及中外。唐先生一一道来，如数家珍。

全书以第八部分“地图与人”结束。为什么用地图来做“压轴”？因为地图是空间的表述，“当我们想感触我们周围的世界时，我们才看地图。”我们知道，所有的（包括政治、经济、军事）战略家都离不开地图、探险家离不开地图、航行家离不开地图、科学家做田野调查离不开地图，连我们普通人出门也离不开地图——我们现在出行开车所用的GPS，就是活地图！地图与人的密切关系远比我们所意识到的更紧密。唐先生饶有趣味地介绍了地图的起源、中国最早的地图、地图与政治、地图的文化属性以及中国地图上的长城等。书的最后介绍了康熙《皇舆全览图》，以康熙下令编制全国地图的历史故事，圆满结束这本讲述历史地理的小书，可谓剪裁得体、天衣无缝、匠心独具。

西塞罗的十诫之一，就是切忌为朋友的书写书评。尽管我跟唐先生同为诗人北岛先生主编的“给孩子”系列丛书作者，但我与他素不相识、没有任何来往。因此，我总算没有“破戒”。不过，出于瓜田李下之虑，我在本文中对该书的赞誉，还是保持了最大限度的克制。由于这是我近年来读到的最令我兴奋的中文图书之一，所以，我在这里郑重推荐给所有的青少年读者及其家长。最近，本报《文化周刊》正在讨论“两种文化”，我也顺此将北岛主编的这套博雅通识读本推荐给所有的科学家同行们，尤其是在读研究生和年轻科研人员。最后，我可以负责任地说，这套书绝不会因为冠名“给孩子”而降格我们的身份，只会大大提升我们的阅读品位，并进一步满足我们的精神诉求。

2020年
3月19日

原载于《中国科学报》。

朝来寒雨晚来风

自古以来，人类就不断地受到各种传染性流行病的侵扰，严重时可造成千百万人口的死亡。在现代科学出现之前，人们不知道这些流行病是如何引起的；大多数情况下，甚至连是什么病都不清楚，便笼统地称之为“瘟疫”。比如，由天花引起的瘟疫，至少可以追溯到2000年以前。不仅人类自身，而且人类饲养的家禽和家畜，常常也难逃瘟疫的厄运，比如，我们所熟悉的鸡瘟和猪瘟等。

流感是最常见的流行病，几乎每个人都曾得过流感。然而，一般人并未注意到流感每年在全球都会造成很多人死亡。1918年的西班牙流感是人类史上所有大流感中死亡人数最多的一次。1918年

7 月，这种新的流感病毒在北欧首次出现，当时正赶上第一次世界大战刚结束，从战场上下来的士兵大批回国，拥挤在空间狭小的船舱内，相互间接触频繁紧密。一开始有人病倒了，很快大批疲乏的士兵因体弱抵抗力差，也被迅速感染。对流感病毒来说，这无疑是它们感染、传播和演化的最佳时机和场所。这些复员军人又把病毒带到各地，迅即在各国蔓延。1918 年西班牙大流感之后的 100 年间，全球又发生过三次大流感，即 1957、1968 和 2009 年；最近的 2009 年这次，全球死亡人数也高达近 30 万。这些案例无疑给人类再次敲响了警钟，瘟疫大流行的可能性永远存在。

一如许多人可能未曾意识到流感的杀伤力，过去我也没有意识到流行病不只是简单的医学问题，直到我读完手中这本新书——《传染法则：为何事情蔓延——为何又消停？》（*The rules of contagion: why things spread—why things stop*？），才了解到其中还有重要的数学模型问题。而本书作者亚当·库哈尔斯基（Adam Kucharski），则是伦敦卫生与热带医学院的流行病学家、数学家，他是用数学模型研究流行病学的顶级专家，该书最近问世，真可谓适逢其时。在书的开头，他便以 1918 年西班牙大流感及其后的三次大流感为例，开宗明义地写道："显然大家会有此疑问：下一次会是什么样子？但这很难回答，因为以前的几次，每次的情况都不尽相同。病毒株不同，疫情严重程度每次也都因地而异。"尽管如此，作者依然在书中介绍了流行病学家们是如何设计数学模型来预测某一特定疫情走向的。

约翰·斯诺（John Snow）被称为现代流行病学研究之父，他破解了 1854 年伦敦霍乱传染流行之谜：疾病传播不是通过污浊的空气，而是通过被污染的用水。不过，本书作者最推崇的人，是研究疟疾的流行病学家罗纳德·罗斯（Ronald Ross）。罗斯曾用数学模型展示如何把蚊子种群控制到一个临界点之下，便可终止疫情。换句话说，控制疟疾疫情并不需要消灭所有的蚊子；同样，控制其他传染病疫情，也并不需要治愈所有患者。这个临界点大概就是我们现在耳熟能详的“拐点”吧。罗斯后来将其总结为“感染力理论”，不仅可以用于传染病疫情防控，也可用于政治（比如舆情防控）、经济（比如股市预测）、社会（比如美国枪支暴力、疫情管控）等各个方面。其中的奥秘，即是书名副标题所披露的：我们必须得理解“为何事情蔓延—为何又消停？”具体来说，传染是如何发源与迅速蔓延的？如何预测和度量爆发力？是什么原因造成流行高峰？又是什么原因令疫情结束？通过回答上述一系列问题，过去的流行病疫情资料便有助于建立预测未来疫情的数学模型。

书中介绍的几个基本概念，我感到特别新颖有趣。一是“群体免疫”，比如一栋公寓楼里住有100个房客，病毒感染了其中15～20个易感者（如儿童、老人、有基础病的患者以及未注射疫苗的人）后，其余房客被感染的概率就会明显下降，这批人就成了病毒不易攻克的群体。随着群体数量的减少，病毒的目标感染对象也变少，病毒的传染性自然也就随之降低。另一个概念是“基本传染数”（即R），代表一个携病毒者在特定群体中可能传染其他人的平均数值。R如果小于1的话，传染性就会逐渐减弱并消失。一般说来，流感的R值在2左右，而麻疹的R值可高达20！因此，若想达到群体免疫效应，注射麻疹疫苗率须高达95%才行。所谓“超级传染者”，是指能传染很多人的患者；是流行病防控中，最需要追踪和隔离的人。换言之，瘟疫流行的规律，跟搞传销以及微博或微信转发差不多，R越大，滚雪球效应也越大。

因为病毒仅由遗传物质（即核酸）与外面的蛋白质保护壳两部分组成，所以它们必须寄居在其他生物宿主细胞内才能自行复制与繁殖。切断病毒的传染链，是控制疫情蔓延的“釜底抽薪”之举，这就是为什么此次武汉断然采取严厉隔离措施的科学依据。读了

《传染法则：为何事情蔓延—为何又消停？》一书，真是令人豁然开朗。此外，该书有许多图表和注释，帮助读者理解文字内容，一点儿也不觉得晦涩。作者娓娓道来的叙述方式，格外引人入胜，读来十分轻松。

病毒与人类之间的“亲密”关系源远流长，自人类起源以来，流行病与我们如影随形。我们不应有彻底摆脱它们的奢望，必须做好与它们长期共存的心理准备。正如库哈尔斯基在书中举重若轻般描述的那样：“就在你阅读本书期间，世界上大约会有300人死于疟疾、500多人死于艾滋病、80人死于麻疹（其中大多是儿童）……”更值得指出的是，近些年来全球化带来的人群与动物的频繁迁徙、错综复杂的全球性人类食品链、日益逼仄的野生动物生存空间等等因素，均为滋生瘟疫提供了前所未有的便利条件。流行病将不再是人们惯常想象中的“偶发事件”，而像冬去春来的季节更替一样，悄无声息地“如期而至”；正可谓“林花谢了春红，太匆匆。无奈朝来寒雨晚来风。”

2020年
8月27日

原载于《中国科学报》。

强弱是非空冗冗

近些年来，每逢11月瑞典诺贝尔奖委员会公布一年一度诺奖得主时，不少人惊奇地发现，几乎每年都会有日本科学家在科学领域摘冠；也有人试图探求人家的成功之道。就我个人愚见，其深层原因恐怕在于日本全民族对科学的真诚热爱与执著追求。这也部分地反映在日本科普事业的兴旺发达以及科学博物馆的普及。从20世纪80年代初我就发现，普通日本人对博物学以及进化生物学，有着令人吃惊的浓厚兴趣。因而，日本出版业也一直瞄准市场、顺应时势，不仅及时引进了许多欧美国家这方面的科普名著，而且大力支持和扶植了一批本土的优秀科普作家，并不断推出许多佳作。

静冈大学的稻垣荣洋教授无疑是其中的佼佼者，他的代表作《撼动世界史的植物》曾使他的名声遐迩。他去年又出版了一本新作，这就是接力出版社新近出版的《弱者的逆袭：38亿年生命进化史》。身为古生物学家和进化生物学学者，我几乎读遍了关于生命进化史的书，这本书堪称是一本简明扼要、独辟蹊径、引人入胜的小书。作者以独特的视角，阐明了生命进化史上，并非总是强者通吃，而是弱者逆袭频频成功——笑到最后的往往是最初并不起眼的弱者。

众所周知，在一般人眼里，达尔文以自然选择为主要机制的生物演化论，简言之就是“适者生存”。因而，近些年来，有人把“性选择”中以美取胜者，戏称为“美者生存”；有人则把在生存斗争或生物大灭绝中的幸存者，戏称为“幸者生存”；前些年，美国还出了一本书，书名为《病者生存》。按照上述说法，《弱者的逆袭：38亿年生命进化史》这本书，可以说是在讲述生命进化史上以弱胜强、“弱者生存”的动人故事。其实，作者所指的弱者，正是生存斗争中的适者；因而，作者的观点与达尔文生物进化论一点儿也不矛盾。

达尔文生物进化论的核心内容是，所有已知的生命形式都由单一“生命树”根部的原始生物经过长期缓慢的演化而来，是在漫长地质时期的千百万世代间，通过“自然选择”的竞争淘汰效应，使得适应性较差的种类不断灭绝、物种不断变化以适应变化着的环境并导致新物种的产生所致。新物种演化出适应各种不同生态环境的身体结构与生活方式，产生所谓“性状分异”。这些新物种各显神通，上天入地下水，各自占据适于自身生存繁荣的生态位，引起了所谓的“生物适应性辐射”。在这种情况下，似乎就出现了一拨又一拨像恐龙那样的所谓“强者”。

然而，俗话说，“花无长红月无长圆”；当环境发生突然及重大变化时，原来的强者可能会猝不及防，无法适应新的变化了的环境，便迅速衰退甚至于灭绝。另一方面，原来的“弱者”，由于其身体结构与生活方式能够迅速适应新变化了的环境，反而以弱胜强，转而变成了新环境中的强者。《弱者的逆袭：38 亿年生命进化史》，列举了很多这样的实例，生动地叙述了地球上 38 亿年来波澜壮阔的生命演化历史，有力地支持了达尔文生物进化论。

在众多实例之中，以哺乳动物与恐龙之间强弱地位的突然转换最为经典。一般人误以为恐龙灭绝以后，哺乳动物才演化发展起来的。其实，哺乳动物祖先与恐龙祖先几乎同时出现；但在统治地球长达 1.6 亿年间，恐龙俨然是不可一世的霸主，而哺乳动物根本无法挑战它们的强势，所能做的只是保持最小的体型，从而不引起恐龙的注意；而且常常住在地下的洞穴里面，只是在恐龙睡觉打盹的夜间才出来活动。

在那一亿多年间，哺乳动物似乎是尽量保持低姿态“认怂”。然而，大约 6 600 万年前，祸从天降，一颗巨大的小行星撞击地球！强者恐龙无处藏匿，迅速灭绝。而长得跟现在的鼩鼱差不多大小的毛茸茸的哺乳动物，因为住在地下洞穴里面，却侥幸生存了下来。并且逐渐占领了恐龙灭绝后腾空的各种生态位，转而成为新生代的霸主和强者，演化出了我们人类自身。这让我想起元朝姬翼的小令《凤栖梧》：“造物谩人人不懂。声色场中，傀儡闲般弄。今古废兴乾取哄。须臾戏罢俱无用。眼自不明真笼统。走骨行尸，逐势相迎送。强弱是非空冗冗。”无论是自然界还是人世间，强弱态势的转换，真像是“六月天孩儿面”一般变幻无常啊。

此外，在这本小书中，作者还带领我们做了一次穿越地球上 38 亿年生命历史的旅行：从大约 38 亿年前生命起源开始，经过大约 5 亿 8 千万年前埃迪卡拉动物群的出现，寒武纪大爆发（5 亿 4 千万年前），海洋无脊椎动物大繁荣（4 亿 6 千万年前），脊椎动物登陆及四足类起源（4 亿 1 千万年前），泥盆纪陆生植物发展及石炭纪陆生植物与昆虫大繁荣、即世界范围内的成煤时期（4 亿至 3 亿 1

千万年前），哺乳动物起源（2 亿 5 千万年前），恐龙称霸地球（2 亿 5 千万年—6 600 万年前），白垩纪末小行星撞击地球及第五次生物大灭绝事件（6 600 万年前），灵长类大发展（6 千万年前），猿类开始直立行走并逐步演化出人类（700 万年—440 万年前），直到人类使用和制造工具（60—20 万年前）。读罢令人荡气回肠！

我本人也曾写过《给孩子的生命简史》，作为同行，我对稻垣荣洋教授娓娓道来的本事佩服不已。在我看来，《弱者的逆袭：38 亿年生命进化史》最值得称道之处至少包括以下三点：

第一，作者花了三分之一的篇幅追溯了生命历史最初的 32 亿年间所发生的故事，也就是寒武纪大爆发之前的那段鲜为人知的生命演化历史，讲述了从细胞到原核生物与真核生物起源以及它们的早期演化历史。

第二，强调了生物之间除了生存斗争还有共生合作，而后者往往带来双赢。

第三，详细阐述了生态位（ecological niche）与生态分隔（ecological partitioning）等概念，以及它们在生物演化上的意义。

平心而论，这几方面是对拙作最好的补充。如果两本书一起阅读的话，我相信大家会对 38 亿年生命进化史的了解，愈加深刻、更加丰满。

总之，在近年来出版的此类读物中，这委实是一本别开生面、妙趣横生、读来令人耳目一新的科普佳作。尤其值得指出的是，该书译者宋刚先生的译笔优美流畅，阅读时感到一种非常愉快的阅读享受。最后，感谢接力出版社慧眼引进并认真编辑出版了这本好书；在当下良莠不齐的出版市场，同时遇到好书、好作者、好译者及好编辑，真是读者的幸运与福气。因此，我毫无保留地向读者们郑重推荐这本书。

2021年
4月22日

本文以“从黑地球蓝地球到红地球白地球绿地球”为题，**原载于**《中国科学报》。

五颜六色的《地球的故事》

与大量生命科学科普书相比，少量的地球科学科普书，一般很难以趣味盎然见长，更难在色彩上与前者争艳。而新近由新思文化引进出版的《地球的故事：从一粒星尘到充满生命的世界，45亿年的地球演化史诗》，则完全打破了上述偏见，带给我不小的惊喜。

自18世纪以来，从科学角度讲述地球的故事，已经被无数人反复尝试过。其中，詹姆斯·哈顿堪称是最早的讲述者，由于他讲故事的能力太差，其划时代巨著《地球理论》几乎不忍卒读，可算是一次可贵但失败的尝试。直到40多年后，查尔斯·莱尔的《地质学原理》问世，才使世人了解到无比精彩、令人信服的地球的故事。

如果不是这两位先驱者的卓越贡献，人们或许依然相信地球只有6 000多年历史的鬼话呢！19世纪是地质学和博物学的黄金时代，那时的伦敦地质学会聚集了一批讲述地球故事的高手，他们大多是像达尔文一样的“绅士科学玩家”。其后一个多世纪间，地球科学有了长足的进展，从魏格纳提出“大陆漂移”假说，到20世纪中叶日臻成熟的板块构造学说，先后引出了一批颇为精彩的地球故事书，我最为推崇的是剑桥大学出版社1985年出版的《对旧星球的新观察：大陆漂移与地球历史》。该书由斯坦福大学地质学教授范·安德尔所著，至今已多次重印再版，简明扼要、生动有趣地描述和总结了20世纪地球科学革命发展的脉络。然而，这本难得一见的好书，不知是否已有中译本面世。时隔近30年，由企鹅旗下的维京出版社2012年推出的这本《地球的故事》，使我们对地球历史（包括生命的起源与演化），有了全新的认识。作者罗伯特·哈森不愧为讲故事的行家里手。现在终于有了中信出版社的中译本，这不啻为广大中国读者的福气。

《地球的故事》从大约138亿年前的宇宙大爆炸开始说起，迅速转入约46亿年前地球如何在“初生”太阳周围的“混沌”星云中脱颖而出，成为太阳系中八大行星之一。尤其重要的是，地球在太阳系中占据了一个十分特殊的位置——它是从内到外的第三颗行星。由于它跟太阳保持着“若即若离”的适当距离，便意味着刚好接受了适度的太阳能（即光和热），使地球上的平均气温能维持在冰点与沸点之间。换言之，如果地球离太阳更近一些的话，地球上就会变得太热；如果地球离太阳更远一些的话，地球上就会变得太冷；两种情形都将不适宜绝大多数生物生存。由此可见，占据什么样的位置，无论在人类社会还是在自然界，均至关重要。

为了占据这个独特的位置，原始地球曾跟原本会成为一颗行星的天体——忒伊亚，发生过一次“玉石俱焚”式的大撞击，结果是地球虽然抢占到了如今的地盘，却失去了相当大一部分地壳和地幔，不仅弄得遍体鳞伤，而且变成不再对称的球体。忒伊亚的残骸与原始地球被撞飞的物质汇集到一起，形成了地球的卫星——月球：这一大撞击事件发生于地球形成后大约 5 000 万年。由于作者参与了阿波罗号所采集的月岩研究，这一段故事写得如身历其境、栩栩如生。

紧接着，哈森介绍了地球年龄 5 000 万年至 1 亿年间，地球上形成了最早的玄武岩地壳，他用“颜色编码”（color coding）的方式称之为“黑地球”。玄武岩不仅组成了原始地球的外壳，而且是现今海底最丰富的岩石，也是水星、金星、火星以及月球上最丰富的岩石。而较轻的花岗岩则形成了陆地，如果不是花岗岩构成了大陆的话，那么，今天的地球便是由巨大的海洋和众多的玄武岩岛屿（像夏威夷岛链一样）所组成了。

地球上的海洋形成于地球诞生后的 1 亿年到 2 亿年之间。海洋的出现，使黑地球变成了蓝地球。同时，海洋的出现使接下来的地球历史变得波澜壮阔；正如作者所指出：“全球性的海洋一旦形成，就塑造了这颗星球的最外层，它雕刻了陆地，促进了矿物王国日益多样化的演化，并造就了生物圈的起源。水仍然在我们生活的方方面面发挥着神奇的作用，它是矿物资源的集成器，是地表变化的主要因素，也是所有生命的核心介质。”

哈森是著名矿物学家，在他的笔下，地球的故事变成一串分化的传奇：化学元素分离和聚合，形成新的矿物和岩石，分化出大陆和海洋，并最终分化出现最早的生命。花岗岩的出现，是大陆起源的关键所在。这是由于花岗岩成分的岩浆比玄武岩成分的岩浆密度小得多，使得花岗岩漂浮、玄武岩下沉；花岗岩宛若一个漂浮的软木塞，一旦形成，就会留在表面，而不可能俯冲下去；这样一来，板块构造不仅产生了一些以花岗岩为根基的岛链，而且还将它们组合成了大陆。这就是我们以人类为中心的观点中，今天所认知到的固体地球。大陆的出现，也使蓝地球变成了作者所谓的灰地球。

40亿年前的地球与太阳系的其他星球相比起来，可能没有什么太大的不同，从化学组成上看，它只是太阳系里一颗相当普通的行星而已。但这种状况很快就发生急转直下的变化：在地球年龄5到10亿年间，地球变成了太阳系乃至于整个宇宙间独一无二的存在——生命出现了，灰地球遂变成了活地球！

跟宇宙起源一样，生命起源也是一个从无到有的过程。生命起源看似是令人难以置信的无厘头事件，然而，生命细胞元件的各个组成部分以及“生命化工厂”的“工艺设备”条件，在原始地球上便有迹可循，并一步一步地缓慢发展起来的：早期生命大分子的建筑模块，诸如氨基酸、脂类、糖等，其构成大多是以多功能的碳元素为基础的一些化学物质，它们产生于早期地球上大量的能量（比如闪电、火山活动等）与二氧化碳和水的相互作用。在这种情况下，如果无机质不能演化出有机质、氨基酸不能演化出细菌来，倒反而令人费解了。

20世纪初，两位天才科学家奥巴林与赫尔丹分别提出“原始汤”假说，认为：由于早期地球的原始大气圈缺氧，在闪电和强烈紫外线激活下，十分有利于其他气体合成氨基酸（即生命大分子的建筑模块）。他们这一假说，不久被米勒和尤里在实验室里验证，在20世纪50年代初，这曾是轰动世界的科学实验和发现。然而，在本书中哈森却讲述了完全不同的故事！

哈森提出了生物大分子与岩石矿物晶体之间的“协同进化”产生了地球上最早生命的假说。最早的单细胞生命可能出现于大约38亿年前，早期生命的光合作用向大气圈释放出大量的游离氧，与土壤中丰富的二氧化铁产生化学反应，生成的铁锈使地球又变颜色——成了红地球，这就是地球史上最著名的大氧化事件。

然而，海洋含氧量的增加仍需很长时间。在地球年龄27—37亿年之间，出现了长达10亿年（距今18.5—8.5亿年）的地质与生物演化相对停滞的时期，因此，此间的地球被作者称作“闷地球”。值得指出的是，大约4 500种陆相矿物中，2/3都是在这一期间形成的新矿物种类。

从距今约8.5亿年开始，在其后的数亿年间，地球一反前10亿年间的“无聊”状态，经历了地球史上最为迅速和极端的近地表波动，发生了最严酷的古气候事件，即全球性冰期事件，又称为新元古代雪球地球事件。它极大地改变了地球表层环境，为生命演化开启了新的机会。这个时期的地球被哈森称作白地球。

雪球地球事件之后，地球上出现了最早的真核生物，新元古宙的极端气候直接导致了又一次大气氧气的空前增加，为第一批动植物在陆地上定居铺平了道路。发生在大约5.4亿年前的“寒武纪生命大爆发”，开启了现今地球生物多样性的先河，并预示了陆地生物圈的崛起，堪称地球与生命演化史最为精彩的一幕。我们的地球很快就要变成今天这样的绿地球，余下的皆是我们所熟悉的地球故事了。

总之，哈森在300多页篇幅里，生动地讲述了46亿年间地球上发生过的多彩多姿的故事；他娓娓道来，既引人入胜，又发人深思。尽管我并不同意他的全部观点（比如生命起源问题于今尚无定论），但我必须承认：这是一本不可多得的好书，雅俗共赏、行内行外的读者皆会受益。

2021年
12月1日

原载于《中华读书报》。

有此三册书，不乐复何如！

最早知道《山海经》这部奇书，是年少读陶诗的时候；我最喜欢的五柳先生，竟为这部书写下了13首诗，可见他对《山海经》喜爱之深。其中第一首诗里写道：“泛览周王传，流观山海图。俯仰终宇宙，不乐复何如！”读到这首诗时，我当时就猜想：这部书大概是部图画书，内容无所不包，读来其乐无穷……有意思的是，我直到来了美国之后，才首次接触到《山海经》——而且是英译本！

事情的起因是这样的：我的博导是一位哺乳动物学家，他对有袋类（袋鼠、考拉等主要分布在澳大利亚的兽类）与真兽类（我们日常所熟悉的兽类）的起源与早期演化，尤其感兴趣。有一天下午，他突然拿着一本《山海经》(英译本)兴冲冲地跑到我的办公室来，指着一幅有点儿类似于美洲负鼠(一种会"装死"的有袋类哺乳动物)的非常怪异的动物插图，问我："中国真的有过这种动物吗？"那是20世纪80年代初期，根据我们的专业常识，无论现代和古代动物还是史前古生物化石记录，在中国乃至于整个亚洲从未发现过有袋类。难怪当他看到《山海经》里那幅插图的时候，竟会那么兴奋。由于当时我对《山海经》儿近一无所知，我只好谨慎地回答："我未曾听说过中国曾有过这种动物。不过，您能把这本书留给我看看吗？容我再去仔细考证一下。"

那是前互联网时代，除了阅读那本英译本之外，就只好去钻图书馆查资料了。不查不知道，一查吓一跳，原来《山海经》是一部被鲁迅先生称为"盖古之巫书"的神奇之作；其中蕴含着丰富的上古地理学、民俗学、宗教学等多学科元素以及中国古代水文、博物、历史等方面的知识，还有很多耳熟能详的神话传说和寓言故事。此外，我还发现20世纪中叶在美国还曾兴起过一阵《山海经》热，一些学者通过研究《山海经》中一些类似于北美的山川地貌以及地物特产，试图探讨太平洋两岸的文化关系史。而《山海经》中貌似负鼠的"怪物"，确实曾被这些学者引为可能的证据之一。根据我对书中其他奇禽怪兽的印象，深感其荒诞离奇、可能神话成分居多，因此我向导师汇报：我个人对《山海经》中负鼠的真实性，持十分怀疑的态度。我之所以不厌其烦地追述这件陈年旧事，是因为我想说：倘若当年我能看到刘兴诗先生所著的《少年读山海经》这套书的话，那该有多好啊！

《少年读山海经》包括三个分册：《千万里江山》《四海有奇闻》和《多姿多彩的神话》。在《千万里江山》中，作者简要介绍了《山海经》的成书经过以及历代的主要贡献者，并带领我们见识了上古时代祖国的壮阔山河与地理风貌，一睹古人眼里的大千世界；此外，我们还了解到书中的基本自然地理框架，其实是有据可循的，并非完全空穴来风。在《四海有奇闻》中，作者让我们领略了“海内”“海外”与“大荒”中的奇人异国与风物人情，宛如乘坐“时光机”所做的一场穿越时空的旅行。在《多姿多彩的神话》中，我们重温了很多原先不知出处的著名中国古代神话和寓言故事；先人们出自天马行空般想象所绘制出来的奇异怪诞的鸟兽和部落，让人瞠目结舌之余，也大开眼界甚至于拍案叫绝……其实，阅读神话的好处是，它能让我们更为深刻地领会博尔赫斯所言：“我们依然生活在神话之中”。

在我所见过的介绍《山海经》的诸多版本中，《少年读山海经》堪称其中的佼佼者。这无疑得益于作者本人既是地质工作者，曾实地考察过祖国的名山大川，能够把书中的描述与现实存在予以联系和甄别；又是具有丰富想象力的科幻作家，可以充分理解并解读古人的奇思怪想。同时，他把《山海经》定位为“科幻地理学”作品，认为它“既有丰富的古代科学知识，也有大胆的、充满浪漫主义色彩的想象。这是一个大杂烩，也是一个大融合。”

作者用通俗流畅的笔调，对晦涩难懂的原著内容做了精华提炼、适度注释与轻松解读；作者还在书中多处附加了“我的读书笔记”，与读者分享自己阅读的心得体会；使这套书成为雅俗共赏、老少咸宜的佳作。这一不懈努力委实是值得大为称道的。此外，本书编辑在制作过程中，也十分用心、考虑周到，对一些比较偏僻的字词，均加注了汉语拼音读音。加之这套书的插图颇多，而且色彩鲜艳美丽，着实令人观之赏心悦目、读来欲罢不能。我也拾五柳先生的牙慧，深感有此三册书，“不乐复何如”！

2022年
9月23日

原载于《中国科学报》。

读来泪满双颊

——评《敦煌灵犬》

明代词人杨慎写过一首小令《敦煌乐》："角声吹彻梅花，胡云遥接秦霞。白雁西风紫塞，皂雕落日黄沙。汉使牧羊旌节，阏氏上马琵琶。梦里身回云阙，觉来泪满天涯。"这自然写的是苏武牧羊和昭君出塞的故事，我读顾春芳新作《敦煌灵犬》的试读本时，曾多次读到动情处，不禁"泪满双颊"，故想起杨慎这首词，偶得本文标题。

三年前我曾读过樊锦诗先生的口述自传《我心归处是敦煌》，执笔者便是顾春芳，故对她并不陌生。我当时即为樊先生的生平事迹所感动，也被顾春芳的优雅文字所吸引。因此，当译林出版社编辑问我有无兴趣读一读顾春芳这本“少儿奇幻小说”试读本时，我便毫不犹豫地同意了，得以先睹为快。我特别喜欢这本书，主要出于三重原因：一是爱狗；二是喜欢敦煌以及敦煌学研究；三是契合我对动物行为与人类心理的起源与演化的研究兴趣。

首先，我是爱犬者，家里养着两条狗；它们不是“宠物”，而是我们不可分割的家庭成员。记得美国前总统杜鲁门有句名言：“在华盛顿，你若想找个朋友，那就养条狗吧。”在陀思托耶夫斯基的小说《被侮辱与被损害的人》一书中，描写了一个老头和他的老狗。每天晚上，他们来到一家客栈，那条老狗把头依偎在老头的双脚之间，躺在地上一动也不动，直到老头跟朋友们扯完淡，领它回家。一天晚上，那老头起身要离开客栈时，老狗没有起来，老头轻唤它的名字：“阿佐卡，阿佐卡”，它还是一动也没动。老头又用手杖轻轻地捅了它一下，它依然没动。老头跪下来，用双手捧起它的头，发现它已死了。老头呆呆地看着它，不敢相信它已死了，将他那苍白如灰的脸，贴在他老朋友的头上。屋子里死一般地沉默了一分多钟，旁边的人都被这场面深深地感动了。老头浑身颤抖，脸像一张白纸……读到这里的时候，怎么不令人潸然泪下呢？是啊，那老头和他的老狗相依为命啊——人们养狗，大多也是因为害怕孤寂吧？因为狗算是我们在这个世界上最忠诚的朋友了。

《敦煌灵犬》是关于莫高窟的守护犬“乐乐”一家的故事，并且是有真实“原型”的，故读来格外可信感人。尤其是读到“乐乐”被带到城市里过了一段时间，“享受”到城市生活的舒适安逸而乐不思“窟”，但最终为了一种“执念”和“使命”还是毅然回到了莫高窟的时候，我不禁联想到樊先生在自传中讲述自己曾经历过类似的内心深处的“挣扎”。而作为地质古生物学家，记得我刚入学时看电影《年青的一代》，心里也曾有过同样的挣扎。这些都触及到自己灵魂深处，因而读时产生深度共鸣也是自然而然的事。

其次，因我半个世纪前读了徐迟先生的报告文学《祁连山下》，深受感动，故一直向往着敦煌和莫高窟。1980年代初出国留学后，我曾有一段时间读了胡适先生的许多书，里面谈到了敦煌学研究以及他在海外博物馆读“敦煌卷子”的故事，这使我更加想去访问敦煌。十多年前，终于如愿以偿：2011年，我在新疆哈密一带野外考察后，要去西北大学讲学，于是哈密文物局的同事派了一辆车把我送到敦煌，并安排我参观了莫高窟和敦煌研究院，尔后再从敦煌乘飞机去了西安。参观莫高窟真是终生难忘的经历，也令我更加景仰樊先生这些莫高窟的守护者们——我由衷崇敬他们的执著和奉献精神。这也是为什么我读顾春芳新作，对莫高窟守护犬乐乐一家的动人故事如此“入戏”的根本原因。这哪里是什么奇幻小说？简直就是可歌可泣的真人（及犬）真事啊！

最后，“三句话不离本行”：简单谈一谈狗与进化生物学以及人类心理官能的起源。我研读达尔文《人类的由来与性选择》多年，发现他用了大量的篇幅描述狗的“聪明”和灵性，借以论证人类的智力演化是从动物那里“一脉相承”来的。达尔文搜集了大量有关狗的复杂心理官能的例证，其中许多饶有趣味。最有说服力的是有关狗的想象力和理性思维。达尔文指出，在人类的所有心理官能中，想象力和理性堪称处于顶峰。同样，在动物复杂的心理官能中，想象力和推理能力（即理性）也被视为最高级了。

比如，在极地的北冰洋地区，人们发现拉雪橇的一群狗在遇到薄冰的时候，会立即彼此散开，而不是继续保持密集的队形，以便使它们的重量较为平均地分布开来，不至于压碎薄冰，并似乎借此警告主人：前面的冰已经变薄了，可能将会有危险。

此外，还有人注意到，当带着两条狗穿越一片广阔且干燥的平原时，狗渴了的时候便多次冲往凹地去找水喝。但是那些凹地并不是溪谷，也没有一点儿湿地的气味，因此根本就没有水。它们这样做，像是“理性”地知道：水往低处流，低凹的地势可能是有水的地方，因此能提供找到水的最佳机会。

寻回犬是一种猎犬，就是跟随主人狩猎，跑出去把猎物给叼取回来的品种；因而，它们尤其聪明、听话、稳重，并知道叼咬猎物时用力的轻重。一位猎人射伤了两只野鸭子的翅膀，它们落在了小河对岸很远的地方；猎人便示意让他的寻回犬去把它们取回来。那只狗开始想把两只鸭子一起叼回来，然而没有成功。由于鸭子只是受伤，于是它先把其中一只咬死，丢在一边；把另一只还活着的先叼回来，然后回去再把另一只死的取回来。而在此之前寻回犬遗传下来的习性是不去伤害猎物的，之所以先把其中一只咬死，是怕它逃走。显然，这是经过深思熟虑后的决定，显示了它的推理能力克服了固有习性。

俗话也说，“狗是通人性的”。它们所具有的这种与人类交流的认知能力，使它们在跟人类的合作上非常成功。这也是它们能够得以成功驯化的主要因素。狗的认知能力的进化，显然也促进了它们的成功繁殖。思维帮助它们解决了与生存至关重要的问题，这些思维类型进而得到强化，并演化出最大的认知灵活性，因而跟人类的合作交流愈加“琴瑟和谐”，这也代表了理性的成功。在这方面，黑猩猩等人类的近亲则远远比不上它们。

狗狗非凡的聪明，历来为许多养狗的主人们所津津乐道。正如刘亮程在《一个人的村庄》里写道，“一条老狗的见识，肯定会让一个走遍天下的人吃惊”。狗能理解主人手势的含义，是大家见怪不怪的现象。然而，达尔文之后的科学家们研究发现：我们千万不可小瞧狗的这种能力。因为其中涉及狗与人类的目光交流，以及它们分析和理解人类手势所要传达的信息的能力；在这方面它们比我们的灵长类近亲（比如黑猩猩）更加高明。

最新研究表明，狗狗们这类表现，实际上跟人类婴儿是十分相似的。科学家曾做过一项实验，放着两个倒扣着的不透明杯子，在其中一个里面放进食物，通过手势以及嗓音，小狗总能迅速而准确地奔向那个藏有食物的杯子；而黑猩猩的成功率则只有小狗的一半！这位科学家还发现，如果辅助以示意的目光或友善的嗓音，狗狗比黑猩猩的反应更迅速、认知能力更强，几乎跟婴儿一模一样。比如，面前放着许多相同的杯子，科学家要求婴儿的母亲把一块积木放在正确的杯子里，并让母亲用目光示意这只杯子；尽管婴儿并没有先前的经验，他还是毅然选择了妈妈放积木的杯子，因为他认为妈妈示意他这样做，对他肯定是有好处的——尽管他并不知道为什么要取这只杯子，而不是另外一些杯子。科学家跟小狗做了同样的游戏，它们也像婴儿一样去取放积木的杯子，尽管积木不是食品。

动物心理官能的复杂性，在狗的身上得以充分体现。狗的老祖宗是狼，在智人演化的早期，我们便与狼共舞。大约1万多年前，人类已经成功地把狼驯化为狗。在洞穴的岩画上、在古埃及的墓葬中，都发现了人类和狗为伴的证据。正像反目的朋友比敌人更可怕一样，化敌为友后的人和狗，反倒成了最忠实的朋友。

早期人类的社会单元以及“狩猎—采集”的生活方式，与狼群的结构有许多相似之处，这是他们能和睦相处、同舟共济的基础。1万多年来，人与狗之间的关系，一直是两厢情愿的主仆关系。狗对人的敬畏和崇拜，人对狗的爱怜乃至于依恋，使两者之间的亲密关系十分稳固。否则，苏秦落魄归来，妻不下织、嫂不为炊，为什么偏偏只有老黄狗亲热地向他摇尾呢？

总之，在我看来，《敦煌灵犬》不只是一本写狗的书，而是一本写人（尤其是像樊先生等那样的好几代敦煌守护人）的书。它不是“奇幻”，而是源于生活、高于生活的真实记录；而书中对乐乐一家心理活动栩栩如生的刻画，并不单是出自奇思妙想或拟人手法，而是在科学上也立得住的！此外，顾春芳细腻唯美的文字以及娓娓道来的讲述，确保这本书将成为雅俗共赏、老少咸宜的优质读物。最后，毋庸赘言，陈汉煜的优美插图也为这本佳作锦上添花。

2022年
6月

原载于《假如你有动物的身体》，长江文艺出版社，2022。

《假如你有动物的身体》序

地球历史上最早出现的动物，身上并没有骨骼；现代动物中仍然有些成员身上没有骨骼。然而，我们所熟悉的身边动物，一般都具有骨骼：像螺、蚌、螃蟹和虾等无脊椎动物，身上披有外骨骼，我们称之为外壳；而所有的脊椎动物（鱼、蛙、蛇、鸟和人类等）的骨骼都在体内，因此又称作内骨骼。本书介绍的则是后者——脊椎动物骨骼。

发生在大约5.4亿年前的“寒武纪生命大爆发”，是生命演化史上最重要的篇章之一，自那以后，细胞渐渐地在动物体内制造了骨头、并在躯干上制造了鳍——海洋里出现了最早的鱼形动物。这类鱼形动物是所有脊椎动物的祖先。脊椎动物的骨骼系统不仅支撑着身体，而且使其能够游、走、跑、飞，运动自如。更重要的是，骨头还是动物身体储存钙等矿物质的“仓库”，这些矿物质是身体必需的营养素。可以说，没有骨头的出现，也绝不会演化出包括人类在内的所有脊椎动物！

18 世纪著名法国解剖学家、动物学家居维叶创立了脊椎动物比较解剖学，而功能形态学也曾是 20 世纪生物学研究的热点领域之一。本书的书名虽然平淡无奇，但书中的内容却涵盖了上述两个重要的生物学分支学科，十分丰富多彩。更为可贵的是，本书作者巧妙地把脊椎动物比较解剖学与功能形态学结合起来，通过列举脊椎动物身上各种有趣例子，对其进行简要的骨骼解析，从而解释了动物身上这些看似奇奇怪怪的特征和现象，却又是生物对环境适应的结果，背后有着生物演化（自然选择）的强力“推手”。

为此，作者还特意在每一章的后面加上“进化的故事”，专门就人类由鱼类演化而来、鸟类是恐龙的嫡传后裔、人类身上的残迹器官之一——尾椎骨的来源以及人类的牙齿为什么会是二出齿等有趣话题，进行了深入的讨论。

作者川崎悟司是我的日本同行、著名古生物学家，他的科普创作具有脑洞大开、深入浅出、风趣幽默、图文并茂、科学严谨等鲜明特色，实为日本新一代科普作家中的翘楚。因此，我诚意向大家推荐《假如你有动物的身体》一书，深信你们一定会像我一样喜欢上书中超酷且可爱的“寸头泳裤大叔”——一位脊椎动物比较解剖学与功能形态学的超级模特。

2022年
8月19日

本文以“一部科普型科幻佳作”为题，原载于《中国出版传媒商报》。

科幻作品的一种新体裁

——评《零碳中国》

我以极大的兴趣一口气读完了陈楸帆先生的新作《零碳中国》，可谓荡气回肠，读罢直呼过瘾！我虽是楸帆的忘年交朋友，并深知他是名声遐迩的新锐科幻作家，但由于一向对科幻作品存有难以言说的偏见，因而我此前极少阅读科幻小说。其实在我看来，科学研究、科学普及与科学幻想三者之间的关系，恰似一个连续的时态“光谱”：科学研究是现在进行时，是科学家们正在从事的工作；科学普及乃是过去时，是科普工作者们把既往的科研成果通俗易懂地介绍给公众，以便公众了解和支持科学家们的科研工作；科学幻想则是将来时，科幻作家们发挥他们的奇思妙想，试图为我们描绘未来世界绚丽动人的图景。另一方面，科学家们在从事一项科研课题伊始，总是受到了某种科学幻想（或遐思）的启发和驱动，因而一般来说，缺乏“胡思乱想”的科学家也是不会冒出什么“好想法”（good idea）来的。

长期以来，由于多数科幻作家是未曾受过严格科学训练的文艺工作者，因而其作品中普遍存在着幻想有过之而科学却不及的现象，甚至于被一些比较极端的批评家们斥为“伪科学”。然而《零碳中国》给我印象至深的一点即是：作者在坚实的科学基础上放飞幻想，使该书在同类作品中脱颖而出。作者笔下的小主人公阿和，小小年纪已初具选择低碳生活方式的意识，并经历了一场穿越时空、走进未来的奇幻之旅。其间，他既体验到了40年后（2060）零碳中国的“美丽新世界”生活，也在旅途中经历了与环保斗士们并肩作战，跟肆意破坏减碳事业的“黑金军团”之间，进行了一场又一场惊心动魄的生死搏斗。书中的故事起伏跌宕、扣人心弦，作者的奇思遐想多彩多姿、笔下则浓彩淡墨相得益彰。更为可贵的是，作者在叙述故事的过程中，云淡风轻、十分自然明了地介绍了碳排放、碳足迹、碳达峰以及碳中和等环境科学概念，令我这个有着“青少年科普作家”虚名的人，自内心深处钦佩不已。

当然，这一切都得益于楸帆的工作经历，他虽是毕业于北京大学中文系的科班文科生，然而毕业后有多年在高新科技领域从业的经历，又对自然科学尤其是人工智能与生物和环境科学有极大的兴趣和深入的钻研，因而笔下完全没有“门外汉”的露怯之处。事实上，在我和楸帆的朋友圈里，聚集了一小撮“气味相投”的海内外书友，其中多是诗人、作家、哲学家、艺术家等文科生，也有少数理科生。在文理的“鄙视链”方面，我们之间也偶尔会相互“鄙视”或揶揄对方一下。不过，在朋友圈内大家几乎一致认为，楸帆是被文科耽误了的理科生、抑或是尚未“出柜”的理科生。其实，科学与艺术拥有共同的创意源泉，《零碳中国》便是这一共同创意源泉的实实在在的体现，恐怕也是作者一次刻意的尝试——无疑是十分成功的实验。在我看来，一如混合动力汽车，《零碳中国》堪称科幻与科普创作之间的一种新的混合动力产品，代表了一种全新的体裁，因而愈加弥足珍贵。

碳元素是构建生命的基本单元，碳循环是地球上最伟大的生命循环。正如英国物理学家和著名科普作家布莱恩·考克斯所说的："你体内的每一个碳原子都是在一颗恒星的中心构建而成。它会见证这颗恒星的死，并趁着行星状星云静谧的彩色漂流或者超新星爆发的瞬时加速，从恒星的引力中逃离。"诚然，碳元素曾经成就了生命的奇迹；然而倘若我们人类无视它是一枚双刃剑的话，继续无节制地向大气圈排放二氧化碳，最终不仅会毁灭人类自身，也可能会葬送地球这颗美丽的星球。楸帆敏锐地意识到，环保要从娃娃抓起，要培养出千千万万个阿和，方能确保零碳中国的目标如期实现。因此，为了实现这一宏大而艰巨的目标，我郑重地、毫不保留地向大家倾情推荐《零碳中国》一书，它不只是写给孩子们读的，也是写给每一位"地球村"居民读的。

2022年
11月25日

原载于《蹄兔非兔　象鼩非鼩》，中国林业出版社，2023。

乐之者的博雅

——《蹄兔非兔　象鼩非鼩》序

劲硕即要出版他的文集《蹄兔非兔　象鼩非鼩》，邀我为其作序，颇令我感到惊喜和意外。惊喜的是，我过去一直以为他做科普工作，是以“演和说”为主：他长期参与制作央视的“动物来啦！”节目，是颇受广大青少年欢迎的“名人秀”电视人物（TV personality）；作为新浪微博的大V“国家动物博物馆员工”，他是名声遐迩的科普名家并拥有数量惊人的粉丝群，他的博物馆导游解说和科普演讲，受到无数博物学爱好者的追捧；他还是中国科学院科普巡回演讲团最年轻的成员，是深受人们喜爱的科普演说家之一。在看到他这本科普文章自选文集之前，我孤陋寡闻，竟不知道他还曾写过这么多有趣的文字——他既“述”且“作”、如此高产，委实令我大吃一惊！意外的是，他竟会邀我为这本书写序——不胜荣幸之余，也颇为他的“惺惺相惜”之情所感动。坦承地说，尽管他是我的忘年小友，我们之间有许多共同的爱好（比如，热爱科普工作、爱书、熟知文坛与科苑的掌故，以及喜欢常在微信上隔洋聊一些共同认识的学术界前辈的趣闻轶事等），然而万万没有想到，他的第一本科普作品集，即来请我作序——名人请非名人写序，也算是别开蹊径了。自然，我十分珍惜他的这份深情厚谊，欣然允诺。

其实，算起来我与劲硕相识整整十年，开始相见纯属一次偶然的机缘。2012 年暑假我回国工作访问，我彼时刚完成译林出版社人文精选书系中《物种起源》一书的翻译，回国期间分别在中国科学院南京地质古生物研究所和中国科学院古脊椎动物与古人类研究所做了“达尔文与《物种起源》”的讲座。承蒙中国古动物馆王原馆长的厚爱，推荐我去国家动物博物馆给公众做一场同一主题的讲座，因而有机会结识了劲硕。正是在那次讲座的互动环节听众提问中，劲硕的一位小粉丝请我为小朋友们写一本通俗的《物种起源》科普书，又恰好蒙史军与劲硕的鼓励和牵线，成就了我的第一本青少年科普书《物种起源 少儿彩绘版》（接力出版社，2014）。从某种意义上说，劲硕的鼓励堪称是我在国内从事青少年科普创作的“第一推动力”！

时隔一年半之后，我的《物种起源》译本问世，2014 年新年伊始，译林出版社在国家动物博物馆举办了一场新书发布活动。这一次，由劲硕主持了那场活动；尽管那天外面寒风凛冽，但由于劲硕的“一呼百应”，那场活动老老少少来了很多人，可谓“盛况空前”，令译林出版社的编辑们非常兴奋。劲硕还特意请了动物所的王德华教授前来助阵，对此，出版方和作为译者的本人都是深为感激的。现在我终于有了“回报”的机会。

我在今年感恩节期间（真可谓“恰逢其时”！），一口气读完了这本文集的书稿，真是喜欢得不得了！无论是普及动物学知识的短文，还是野外科考手记，抑或是科普讲稿，或是为他人著作撰写的前言序语，均有的放矢，内容丰富，观点鲜明，可读性极高。劲硕的文字读来清新流畅、通俗易懂，文中科学与文史知识融会贯通、相得益彰。他的文章之所以精彩耐读，不仅是科学知识硬核，而且是他能够旁征博引——各方面的知识信手拈来，恰到好处，令人读来禁不住大呼过瘾。比如，对“成语中的动物知识”以及与十二生肖相关的动物学知识的解说、对“形形色色的动物世界”的描绘、对“我们弄错的动物知识”的“拨乱反正”以及“生灵笔记”中对动物生灵的悲悯情怀，都让人打开之后欲罢不能、掩卷之余浮想联翩、感慨万千……

当然，本文集中这些文章最大的特点，首要在于科学知识扎实。劲硕是训练有素的哺乳动物学家，但他动物学知识的广泛与深入，令我惊奇。从无脊椎动物的头足类章鱼到脊椎动物各个门类的动物等，他写起来都得心应手、如数家珍，真的不容易。因此，我历来认为科普工作最好或主要还得靠科学家们来做，外行写起来总是难免会捉襟见肘、时不时地露怯。尤其是目前我国尚未建立起一支专业科普作家的队伍，靠谱的科普作品基本上还要倚仗像劲硕这样的专业人士来创作。欧美国家则有专门的科普写作专业，通常至少是具有本科科学专业学位的人再经过专门的科学写作训练培养而成的。

另一方面，从书中字里行间还可以看出，劲硕对动物学以及科普工作委实倾注了真爱。这一点其实无论如何强调都不为过，正可谓“无情何必生斯世，有好终须累此生”。盖因只有一个人真心喜爱而乐此不疲的东西，他/她才有可能倾注心血并满腔热情地传递给别人，毕生勤奋耕耘、无怨无悔。西方的博物学传统即是如此，比如像达尔文、赫胥黎等代表人物。近些年来，我有幸结识了国内中青年一代训练有素的博物学才俊，其中好几位像劲硕这样的人，比如王原、史军、张辰亮、严莹等；他们对博物学都是出自真爱，因而他们的科普作品也都是出类拔萃的精品。

文集中我读来最有感触的是劲硕的两篇回忆文字：“我人生的第一导师：热烈祝贺《大自然》杂志创刊40周年”以及“带我走入一个绚丽的大自然：读唐锡阳先生著作随感”。我虽然跟唐锡阳先生未曾有过任何交往，但劲硕的回忆文字读来依然令我动容，而文中提到的刘后一先生则是我的大师兄，也是曾约我为他主编的《化石》杂志撰写我人生第一篇科普文章的师友（并发表在1975年第2期上）。在20世纪70年代和80年代，科普杂志十分稀少，而我的学术老家——中国科学院古脊椎动物与古人类研究所主办的《化石》杂志以及北京自然博物馆主办的《大自然》杂志，在当时是非常有名的，发行量也很大。当年的劲硕就是这两份杂志的忠实小读者，尤其是《大自然》杂志编辑部的工作人员曾是他儿时的博物学启蒙之师与忘年挚友。回忆起那段童年往事，他的笔端饱蘸浓情。

我仅在《大自然》上发表过一篇关于恐龙灭绝原因新探的文章，当时是我出国留学前，有一天我的老师周明镇先生（时任中国科学院古脊椎动物与古人类研究所所长并兼任北京自然博物馆馆长）跟我说：“德公，你给黎先耀他们的《大自然》杂志写篇文章吧？！”我恰好新近刚看了一篇我即将赴加州大学伯克利分校所要师从的克莱门斯教授在《古生物学》（*Paleobiology*）上新发表的一篇论文，便编译了一番，借此拼凑出一篇文章，把小行星撞击地球造成恐龙灭绝的新假说及时地介绍给了国内读者朋友们。由于我其后不久便出国留学了，那篇文章付诸铅字后我至今都未曾见过。劲硕跟我说他已替我淘了一本那一期的《大自然》旧刊，但由于疫情来袭，我已三年没有回国了。

我出国后不久，周先生曾写信知会我：“黎先耀很喜欢你的文字，想约请你在《大自然》上开辟一个专栏，就像美国自然博物馆《博物学》（*Natural History*）杂志上古尔德的‘生命如是之观’（This view of life）专栏那样的文章。”由于我当时学业紧张，也自知自己的能力不逮（岂敢与古尔德比肩！），故未敢应允，又拂了黎先生的一片美意……

最后，我想引用文集里的下述引言，来结束这篇短序：

> 所有人都可以比较容易地做到“博学”；但是，更重要的是“博爱”；最终，你一定会“博雅”。

可以说，在我相熟的年轻人中，没有任何人比劲硕身上更能体现出博学、博爱与博雅的气质与光彩！

2023年
6月9日

本文以“对‘魅力无穷’的动物界我们已知甚多但未知更多”为题，**原载于**《中国科学报》。

魅力无穷的动物界

——《动物》序

我们人类不仅是动物界的一员（即一个叫作“智人”的普通物种），而且与其他动物物种之间的关系至为密切，以至于说跟他们之间有着千丝万缕和唇齿相依、休戚与共的关系，则一点儿也不为过。本书第五章的页首引语：“人类不过是蠕虫”，来自19世纪末英国幽默画刊《笨拙杂志》上一幅著名漫画的题图文字；这幅画作是在达尔文生前最后一本书——《腐殖土与蚯蚓》出版后，一位英国漫画家用来讽刺达尔文的生物演化论及人类起源于动物的“异端邪说”的：漫画中用一条巨大的蚯蚓缠绕在达尔文的身上，让人看了忍俊不禁。

颇具讽刺意味的是，那幅画作发表140多年后，摆在我们面前的这本书，正是基于达尔文的生物演化论所撰写的极佳动物学通识读物；读罢这本书，令人不得不想起已故著名遗传学家杜布赞斯基那句充满睿智的名言："没有生物演化论，生物学里的一切都说不通。"

首先，什么是动物？如何给动物分类？往往世界上我们最熟视无睹的东西，似乎最难定义，也最难分类；一如我曾经写过的："生命是什么？这个问题看似简单，其实至今都没有公认的答案，连生命科学家们对此也莫衷一是。我有时候想：大概生命就像爱情一样，似乎人人都知道它是什么，但是又很难给出一个严格的科学定义。"动物的定义也是如此，因而作者在本书第一章就开宗明义地专门讨论"动物是什么"；其内容不仅新颖翔实、精彩丰富，而且堪称"惊艳"！如果我告诉你：变形虫（即阿米巴原虫）、领鞭虫以及其他许多"原生动物"不再算是动物啦，你要是感到诧异的话，那么，你便能在本书中找到"这是为什么"的答案！用多细胞以及上皮细胞层来定义动物，不仅现代、新颖、有趣，而且也反映了分子生物学与演化发育生物学的最新研究成果。这个定义使接下来有关动物起源的讨论，显得更加有的放矢、合情合理。可以毫不客气地说，单凭这些，过去的许多动物学教科书便可以送进废品回收站了……

接下来的两章，作者深入讨论了动物的分类与演化。作者简要回顾了千百年来古代博物学家与哲学家们探索动物分类与演化所走过的艰辛之路，从亚里士多德、邦纳、居维叶、拉马克、海克尔到达尔文和华莱士，人们眼见着"自然阶梯"的立起，又眼见着"自然阶梯"的倒塌……现代分子生物学、新达尔文主义和演化发育生物学的结合，才使我们对动物的分类与演化，有了全新和正确的认识；按照动物之间亲缘关系的相近程度对其进行分类，也才如实反映了动物的演化图景，因为亲缘关系相近表明它们之间有着血缘关系较近的共同祖先。本书作者把目前所知的动物按其相互的亲缘和演化关系分成了 33 个动物门，对于我们了解动物界各大类群的起源、机能、结构、演化以及相互间关系，真是十分便利、清晰和有趣。如果说，160 多年前达尔文在《物种起源》里提出的“生命之树”概念是石破天惊的伟大发现的话（尽管还比较粗略），经过其后数代生命科学家们的不懈努力，本书作者已经成功地把这棵巨大“生命之树”的枝叶轮廓描绘得相当清晰、丰满、楚楚动人（见 23 页图 2、119 页图 15）。

余下的第四至第十章，作者系统、简要地介绍了整个动物界从无脊椎动物到脊椎动物各大类群的起源、演化与系统亲缘关系，在如此短小的篇幅里充满了如此丰富的硬核内容，彰显了作者对基本材料以及前沿研究的熟稔，并做到了剪裁得体、叙述从容、深入浅出、引人入胜。作者是知名分子遗传学家，对“发育工具包”、古老基因组、Hox 基因（同源异形基因）以及演化发育系统生物学等方面的介绍和讨论，所用比喻形象、恰当、有趣［如 73 页细胞卵裂的排列用堆橘子作比；囊胚（肠道）形成用像手指被推入一个冲了气的气球一般来比喻等］，十分吸引人，至少给了我极大的阅读快感。显然，作者同时考虑到这是一本科普读物，为了引起一般读者的兴趣，里面还提到了许多与动物有关的趣闻轶事［比如，有关七鳃鳗与欧洲王室相关的趣事。对此，我 2006 年在《自然》（*Nature*）上发表了七鳃鳗化石的论文后，曾应邀为《科学世界》写过一篇科普文章，其中有更详尽的叙述］。

最令我印象深刻的是身为遗传学家的作者竟对古生物学研究成果是那么地了如指掌、应用自如。书中正确引述了许多古生物学最新研究成果，并巧妙地结合了分子生物学领域的研究，对动物的起源与演化及系统关系，做了多学科交叉的精湛论述，实在令我惊叹不已！书中引用了罗默、古尔德、瓦伦丁、马古利斯、奥斯特姆、舒宾等我所熟知的众多古生物学界前辈或同行的论述，让我读来感到格外亲切。传统上，学术界也存在着“鄙视链”；最著名的是伟大物理学家欧内斯特·卢瑟福的那句名言：“所有的科学，要么是物理学，要么是集邮活动。”他把物理学之外的所有学科（尤其是生命科学），视为集邮活动（不算是硬核科学）。在生命科学领域里，同样存在着鄙视链：遗传学家与古生物学家之间，向来也是相看两不“顺眼”的。我的学术前辈、著名古生物学家乔治·盖洛德·辛普森曾不无幽默地写道：“不久以前，古生物学家们感到遗传学家只不过是把自己关在房间里，拉下窗帘，在牛奶瓶子里玩耍着小小的果蝇，却认为自己是在研究大自然！这种小把戏如此地脱离生命世界的现实，对真正的生物学家来说简直无足轻重。另一方面，遗传学家们则反唇相讥：古生物学家们除了证明演化真实发生之外，对生物学毫无建树、乏善可陈。古生物学不能算是真正的科学，古生物学家们像是一帮站在路旁看着汽车从身边飞驰而过，而试图去研究汽车发动机原理一样的可笑角色。”据说，他在哥伦比亚大学的同事、遗传学家杜布赞斯基读到这段文字时，禁不住笑得前仰后合。说实话，即便是现在，我们与同系的遗传学家同事之间的共同话题，也不是很多；因此，当我读这本书时，真是由衷地爱不释手；作者对古生物学的深度了解，令我肃然起敬！

书的最后一章既是对全书的精辟总结，也展望了未来动物学研究的愿景。该章的页首引语则是美国前国防部长拉姆斯菲尔德关于“已知与未知”那段脍炙人口的名言，作者试图告诉读者：科学研究是无止境的，我们对“魅力无穷”的动物界虽然已知甚多，但未知更多，而且列举了一些未来需要进一步探索的问题和方向。正如他在结尾所指出的：“我相信，以动物学史的眼光来看，我们此时恰好第一次拥有了一棵可靠的动物多样性演化树。然而，我们必须记住，这个系统发生树只是生物学研究的起点。”“只有有了系统发生树的可靠框架，我们才能以有意义的方式比较动物物种之间的解剖构造、生理、行为、生态和发育，而这正是可以洞察生物演化模式和过程的路径。”我忍不住狗尾续貂：“这也正是遗传学家与古生物学家们携手合作，最可能做出突破性工作的康庄大道。”2022年诺贝尔医学或生理学奖颁发给了利用化石上残留的古DNA研究人类演化历史的瑞典遗传学家斯万特·佩博，便充分说明了这一点。

总之，这是一本近年来我所读过的极为罕见的优秀动物学科普著作。尽管“牛津通识读本”系列中众多图书，从没有一本真正让我失望过，我不得不说，这是我所读过的最好的几本之一，并适合广泛的读者群——专家和外行读了，均会受益匪浅。而且，这是一本值得反复阅读的书，它将成为我的枕边书和案头书之一，甚至成为我的“沙漠或荒岛之书”的备选图书。

2023年
11月1日

写于美国堪萨斯州劳伦斯市

发表于《中华读书报》。

子非鱼，安知鱼之梦？

——评《动物会做梦吗：动物的意识秘境》

我儿时的故乡临近濠水之滨，故自小便熟读并背诵了庄周的《庄子与惠子遊于濠梁之上》。二位先贤有关“鱼之乐”的那番对话，曾激起我幼小心灵里的莫大好奇，并将其深深地镌刻在脑海里。后来我在美国读博时修了“动物行为学”的课程，也曾对动物的意识、情感、梦幻和想象力等心理官能现象及其演化倾注过极大的关注，这不能不说是与儿时的好奇有着某种潜意识的关联。

无独有偶，近年来在我普及达尔文学说的过程中，又重读了《人类的由来与性选择》；达尔文在书中列举了许多动物（尤其是高级灵长类）日常所表现出的“七情六欲”方面的证据，强调动物心理官能的复杂性，并认为它们也是通过遗传，并在自然选择干预之下逐渐演化而来的，并借此论证了人类起源于动物的假说。

除了喜怒哀乐等情感表现和心理能力之外，达尔文在书中还指出：许多鸟类以及哺乳动物中我们所熟悉的狗、猫、马等大多数高等动物，均能产生清晰的梦，它们在睡眠中的动作和发出的声音，足以说明这一点。我想，大凡养过宠物的读者朋友们，恐怕对此都不会陌生或持有多大异议的。然而，心存这一信念是一码事，科学地阐明和求证则是另一码事。弗洛伊德的《梦的解析》被认为是对“人之梦”进行科学研究的开山之作，而对动物方面（比如“鱼之乐”和“鱼之梦”）的科学研究，尽管20世纪科学家们已在破解动物睡眠密码方面取得了一些重要进展，然而直到20世纪80年代以来，科学家们对“动物梦行为”的研究才日渐增多并进一步成熟起来。

《动物会做梦吗：动物的意识秘境》一书，为我们了解这一方面的科学研究进展和现状，提供了一个可供普通读者“管中窥豹”的捷径。然而，这远非一本可供消遣或作为“茶余酒后”谈资的轻松读物；书中包含许多硬核的科学内容以及颇为深入的哲学讨论，需要一定的耐心和专注阅读方可。该书分为四章：1. 动物梦的科学；2. 动物梦与意识；3. 动物界中的想象；4. 动物意识的价值；以及开头的引言：“堕入梦乡”与最后的“结语：动物主体，世界构建者”。

“引言”以轰动一时的美国公共电视网（PBS）“自然”节目的纪录片《与章鱼接触》开头，简要介绍了一位生物学家如何与一只雌性章鱼“海蒂”朝夕相处、亲密接触并研究其做梦“情景”的故事。“海蒂之梦”展现出，章鱼虽然只是一种头足类无脊椎动物，但它并不“低等”、更不“愚蠢”，而是“一种聪明、天生好奇、个性独特的生物”，非但能识别同类、解决复杂的问题，而且还能在睡眠中进入体色斑斓多彩变化的梦境！因此，这种“章鱼梦”显示了她是“有意识的主体”，而不是浑浑噩噩的愚蠢动物。作者坚持认为，像许多哺乳动物的梦一样，章鱼梦进一步彰显了：在人类世界之外，存在着无穷无尽的其他世界——神秘的、陌生的、不为人知的动物世界；它们跟我们一样，也在睡眠中做着光怪陆离的梦……

在第一章中，作者系统梳理了许多饶有趣味的研究案例，从解剖形态学、神经生理学及动物行为学等诸方面的证据和角度来讨论动物做梦的生物机理。尽管这些是非常复杂、困难的研究课题，在概念和方法上也难免存在某些局限性，然而作者强调指出，其中绝大多数证据均支持了一个结论：人类并非自然界唯一的做梦者。值得指出的是，本章包含许多硬核科学内容，需要耐心阅读和消化，方能为理解其后各章的讨论做好准备。不过，窃以为：既然作者谈到了无可争议的做梦者人类，或许在讨论“动物梦”之前简要介绍一下“人类梦”的知识（比如，我们对人类做梦的研究和解析的发展过程），能使读者更容易理解两者之间的区别与类同。

正如“鱼之乐”并非单纯的科学问题而是哲学问题一样，“动物梦”也既是科学问题又是哲学问题。许多研究者之所以对“动物梦”的真实性持犹豫态度，往往是怕被指责为运用“人类中心主义”的研究方法。“我们必须用最好的哲学来审视最好的科学”——本书作者在第二章里主要讨论了第一章里所陈述的生物学证据在哲学上的意义，作者身为哲学家，因而对本章的讨论驾轻就熟。作者认为，做梦者不可能没有意识；为此，他介绍了意识的 SAM 模型，即：S 代表主观体验，A 代表情感色彩的体验事件，而 M 则代表元意识。在梦的现象学理论指导下，作者认为：所有做梦的人或动物必然具有主观意识（即 S，倘无主观或自我，便谈不上梦想），大多也有情感意识（即 A，梦境总是带有情感色彩的：无论是美梦还是噩梦），少数可能还具有元意识（即 M，也就是对思维的思维，或清醒地意识到自己在做梦）。

在第三章中，作者进一步讨论了梦的想象特征，他认为：梦代表了广义想象力的一个完整光谱，包括白日梦、幻觉及闪回（即回放），从而把对动物意识的讨论提升到了更高的层次。做梦者（无论是人类还是动物）必须具备心智（即想象力——包括创造力、虚构能力与幻想能力等），作者因此讨论了上述各种能力在梦中的表现形式。作者竭力试图构建一个动物学的而非人类学的想象力假说，并以猴子在睡眠中表现出的视觉上的幻觉以及小鼠在迷宫中表现出的思索或做白日梦为例，来阐释动物界的想象。在我看来，该章有趣之处是作者试图阐明梦幻如何把短暂记忆最终巩固成为长期记忆。

作者在最后一章"动物意识的价值"中，主要从伦理层面讨论了我们认识并承认"动物梦"的重要性，即其道德价值或道德力量。作者认为，梦揭示了"动物既是道德价值的载体，又是道德价值的来源"。换言之，认识到动物梦的真实存在，将进一步模糊人类与动物界之间的"楚河汉界"式的界线，便在伦理上要求我们需要人性化地对待其他动物——我们的兄弟物种。

正因为如此，作者在书末的结语里进一步总结了动物的主观性，并将动物视为"自身就有完整意识、不容侵犯和应该受到尊重的主体"。因而，无论我们是否同意作者的全部观点或结论，这都是一本值得认真阅读和思考的书，它严重削弱乃至于推翻了"人类独特论"（human exceptionalism）。此外，作者行文流畅、译者的译笔也精准沉稳，更增加了该书中译本的可读性——谨以书末最后一段的译文引文为例：

达尔文……在《人类的起源》一书中，将动物梦定义为"不由自主的诗歌创作"。动物是非刻意而为的诗人，它们通过不倦地将旧事物与新事物结合和重组，创造出"辉煌和新奇的结果"。本着这种精神，我希望我们接受下列观点，即梦代表构建主观世界的艺术，梦是动物的心智在睡眠中唱给自己听的颂歌。通过给听众听这些颂歌，哪怕不是用人的语言来唱，我们也开始一项揭露真相的任务，即由于我们自己的傲慢使我们看不到动物和我们一样，也是自己体验的创造者，也是自己现实的建筑师；它们和我们一样，也是世界的构建者，即使是睡眠的冥河激流（stygian currents）把它们拉进深渊，并让它们飞进镜中也是如此。

总之，这是一本引人入胜、发人深思并具有一定阅读门槛的好书，我毫无保留地将它推荐给大家——祝大家阅读愉悦！

V.

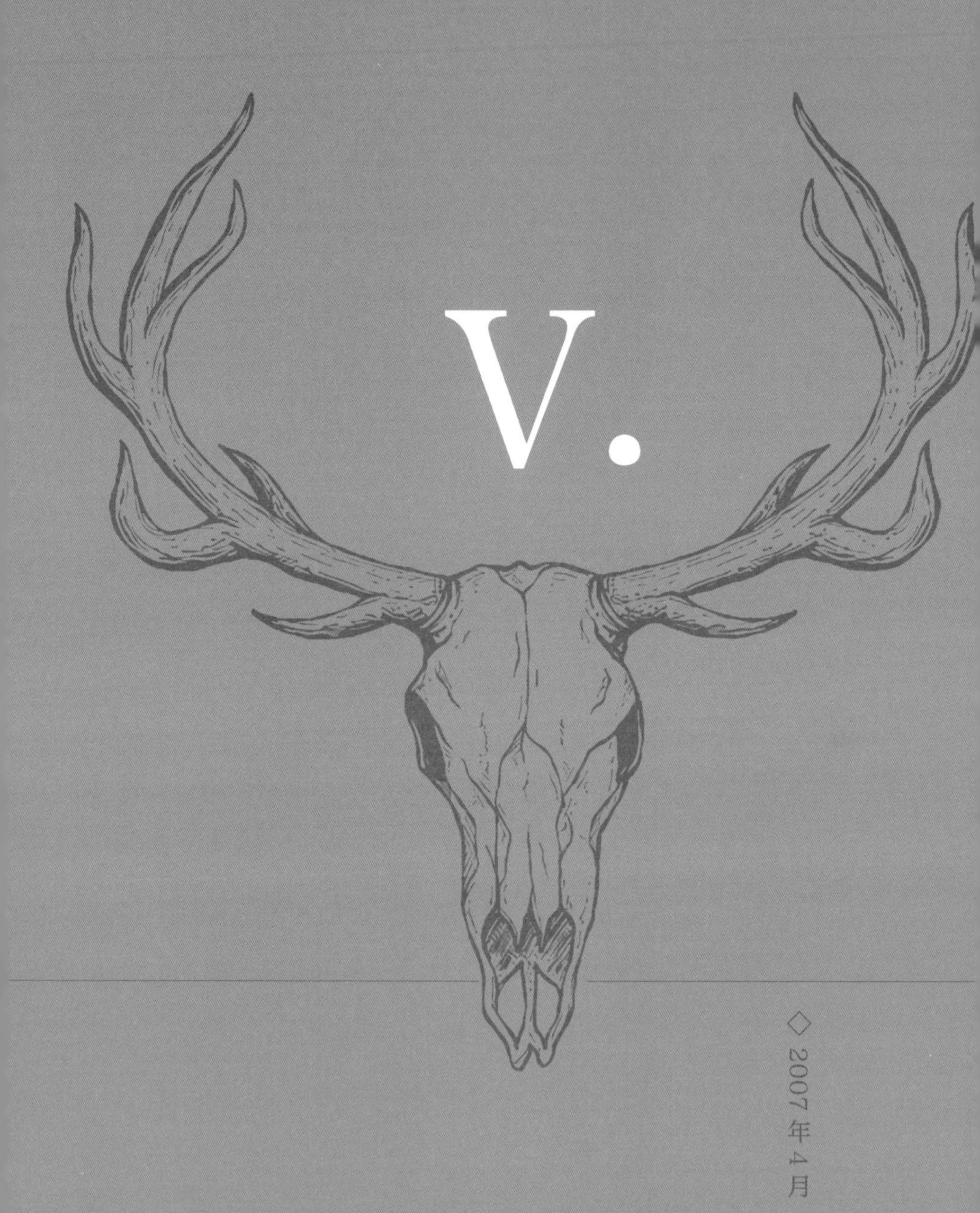

◇ 2007年4月

两耳也闻窗外事

◇2023年1月30日

◇2022年7月12日

◇2020年3月5日

◇2019年3月29日

◇2019年3月1日

◇2013年10月

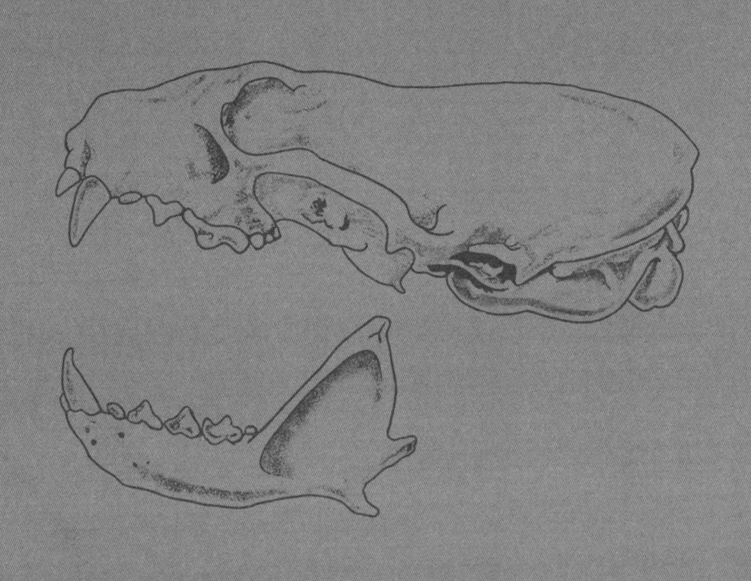

2007年
4月

本文以“难以忽视的生物多样性”为题，
原载于《华夏地理》，2007年第4期。

环保是道德问题

在最近刚举行过的第79届奥斯卡金像奖颁奖晚会上，早已在政坛上过了气的美国前副总统戈尔却出人意料地出足了风头，当晚反而使流光溢彩的大厅里那些袒胸露臂的明星们相形失色。原来是，不仅由他“主演”的《麻烦的实情》（*An Inconvenient Truth*）荣获了最佳纪录片奖，而且由著名女歌星梅利莎·埃瑟里奇演唱的该片主题歌《我得觉醒》（*I Need to Wake Up*），也摘了最佳歌曲奖的桂冠。通常纪录片奖与那些好莱坞大片的众多奖项相比，是不可同日而语的，为什么这次戈尔却爆了个冷门呢？

说起来匪夷所思，长达80分钟的《麻烦的实情》竟是戈尔的演讲实录，主题自然是有关全球气候变暖和环保问题。戈尔虽然在7年前的总统竞选中走了麦城，输给了小布什，但他为了自己信仰般的环保理念，这些年来四处奔走游说。尽管他过去给人留下的印象是木然无味和缺乏幽默感的，可环保毕竟是他自20世纪60年代学生时代起就开始关注的问题，而且他坚信这是人类历史上的今天比任何时候都更为紧迫和重要的问题，他的演讲不仅丝丝入扣、引人入胜，而且一反常态地妙趣横生。戈尔在演讲中还响亮地提出："环保问题不是政治问题而是道德问题。"刚从新奥尔良的卡特里娜飓风洪水灾难中恢复过来的美国人，再也不能把戈尔的话当耳旁风了。

众所周知，人类的自我中心主义的恶性膨胀，致使人类这一生物史上相对较新的物种，在很短的时期内对地球环境造成了极大的破坏。据有关专家估计，就在你花一个小时的时间阅读这一期的《华夏地理》期间，世界上将有约3 000英亩的热带雨林在消失、4个动植物物种走向灭绝。仅20世纪的100年间，生物物种灭绝的总数超过了自6 500万年前的白垩纪末恐龙大绝灭以来的任何一个时代。美国环境新闻中心1999年8月发布的一项研究指出："目前的物种绝灭速率接近背景（即平均）速率的1 000倍。如果目前的趋势得不到根本扭转的话，那么在21世纪期间物种绝灭速率可高达背景速率的10 000倍。依此速率，到21世纪下半叶，现生动植物和其他生物物种总数的1/3～2/3将永久地从地球上消失。果如此，这一大绝灭要超过地史上历次生物大绝灭的总和。"

目前的生物多样性是地球演化了40亿年的结果，而全球经济至少40%以上、发展中国家人民生活必需品的80%，都依赖于这一多样性所带来的生物资源。我们的食物主要来自少数的动植物物种，哪怕失去其中的几种，后果也不堪设想。大部分药品是直接或间接地从生物中提取的；诸如建材、纤维、橡胶、黏合剂、树脂制品、颜料以及油料等工业材料，也都直接来自生物资源。生物多样性对于维系地球生态的整体平衡，更是至关重要：从大气层的化学组成到土壤的构建和水循环等等，它起着维持气候稳定、保护土壤和水资源、化解污染物、储存和循环养料以及对自然灾害的修复等作用。单从生态旅游这个角度上看，生物多样性对于人类的休闲、文化和美学价值，也是不可估量的。

几年前，当我首次从报上获悉“五一”黄金周期间大批游客涌向九寨沟等旅游区的时候，便暗自担心：喧腾的人海会不会把最后一片大自然喧闹的春天也变为卡森所说的“寂静的春天”？我同时忆起 1983 年夏天在黄石公园野外实习时，看到野生动物与游客们“相看两不厌”的和谐共处、连小朋友们也懂得“路边的野花莫要采”，对我的触动极大。须知在 1983 年，生态旅游（ecotourism）这一概念尚未问世呢。

本期推出“生态旅游专辑”，令人欣慰。它借此让国人意识到，生态旅游绝不是贴上一张绿色标签而已，而是要求我们在掌握了有关地史和生物演化、生物多样性、生态平衡、环境保护、人文地理以至于民族风情等方面知识的基础上，学会去亲近、了解、欣赏和爱惜大自然，并“从我做起，从现在做起”，来拯救和保护我们赖以生存的地球这一唯一的家园。正像《我得觉醒》的歌词里所唱的那样：“我们能够成为觉醒了的一代人，做了一些实事，改变了世界。”

2022年
7月12日

本文以“在点滴行动中保护地球家园”为题，原载于《人民日报》“开卷知新”专栏。

了解并珍惜我们的家园

“锄禾日当午，汗滴禾下土。谁知盘中餐，粒粒皆辛苦？”唐代李绅的这首《悯农二首》之二，是我的蒙学读物。其实，除了以悯农之心教育人们珍惜粮食之外，它还阐明了一个十分简单的道理：只有了解了的东西，你才可能去珍惜它。这也启发了我写作《地球史诗：46亿年有多远》的初衷：帮助孩子们了解并珍惜地球——这个浩瀚宇宙中我们赖以生存的唯一家园。

在相当长时间里，我们对自己所栖身的居所几近一无所知。在哥白尼之前，人们曾普遍相信地球是宇宙的中心，太阳是围绕着地球转的。在人类进入太空之前，我们对地球依然所知甚少，根本无从体会它的渺小、脆弱、美丽、独特和珍贵。1968 年，当宇航员进入月球轨道后，他们拍摄并发回了人类历史上第一张“地出”（即地球升起）的彩色照片，顿时占据了全世界各大报纸头版头条的显要位置，全人类第一次为之震惊与倾倒，宇航员远离地球所捕捉到地球的那种奇美，给我们带来的震撼委实超越了种族、文化和意识形态。

正如我在书的开头所写到的：“……我们第一次认识了这个地方。这是一颗美丽的蓝白色星球，是太阳系中，乃至宇宙中，迄今所知唯一存在着生命的星球——它是茫茫宇宙中的生命之舟。承载这条生命之舟的，正是地表上的水。除了水之外，令生命欣欣向荣的，还有大气中的氧气等气体，以及太阳射来的光芒。而地球距离太阳既不太远，又不太近，才使这一切成为可能。”另一方面，身在太空中的宇航员，在离开了地球之后所感到的“无与伦比的孤独”，用其后来的话形容：“没有地球的宇宙，完全是浩瀚、荒凉、令人不寒而栗的空无。”换言之，置身地球之外，我们方能领略到它是广袤无垠的宇宙中最美丽动人的天体，我们有一切理由去爱护它。

地球是一个不断变化的星体，已有了 46 亿年的漫长演化历史；其间，从地心到地壳、从海洋到陆地和大气圈，每时每刻都在发生着变化。地球（包括地球上生命）的历史，是一部惊心动魄、波澜壮阔又极为复杂的历史。如果我们对这一切都不甚了了且缺乏好奇之心的话，不仅极度愚蠢，而且十分危险——甚至是致命的！因为我们是地球的一个组成部分，它的命运就是我们的命运，它的未来就是我们的未来。

然而，如我在书末所指出的：“在 46 亿年的漫长地球历史上，没有任何物种能像人类这样，对气候和生态系统施加了如此巨大的影响。人类活动已导致了全球气候变暖、森林大面积萎缩、许多生物物种灭绝、生物多样性减少、极地冰川消融、海水酸化、海平面上升、资源枯竭等现象。目前，气候和生态危机是人类面临的最大挑战。”

当然，人类面对生死存亡的挑战，决不能无所作为。在生命演化史上，我们这一物种成功的独特象征就是其智慧和文化。只要我们充分认识到能源和环境危机的严重性和迫切性，各国人民共同努力，在工业革命和信息革命之后，完全有希望再度创造出崭新的绿色文明。作为个体，我们也应该从日常生活中的一点一滴做起，从节约一粒米、一张纸到少用一个塑料袋做起，来保护我们的环境，拯救我们的家园——地球。

以上便是我为什么要讲述地球的故事的原委，但如何讲好这一宏大的故事，则完全是另一码事。动笔之前，我跟本书责编宋华丽女士有过深入的交流，并取得了共识：发扬创新精神，发挥我们的特长，把这套书做得与众不同：破除课外读物与学校书本脱节的现象、打破学校各科目之间的藩篱，尤其是打通科学与人文“两种文化”之间的壁垒，使孩子们看到科学、人文与艺术（包括诗歌）是必需而且也是有可能融会贯通的。当然，这也就是通识教育的理念，力图避免孩子们在中小学阶段就产生“偏科”的倾向，使他们日后具有全面发展的潜力。

讲好故事是科普作品的灵魂。然而，把地球科学专业知识“无障碍”地介绍给青少年读者，并能引起他们阅读的兴趣，并非是一件易事。所幸我师从过几位国内外著名的教育家和演说家，从他们那里学习到了一些“窍门”；加之近年来我已出版了十来本生物演化论和生命科学方面的科普图书，积累了一定的经验。简言之，科普写作要有诚实严谨的科学性、引人入胜的故事性、旁征博引的趣味性以及寄情寓理的文学性等，使读者被“勾住了”而欲罢不能。给孩子写，当然要求更高，首先自己对学科知识要烂熟于胸（这一点对非专家作者来说，就很难企及），否则你自己还没彻底弄清楚的东西，也就根本无法给孩子们讲清楚。其次要会编故事，懂得如何“吊胃口”以及层层推进。再次，要能写得妙趣横生并调动一切文学手段，比如，隐喻、类比、白描、夸张、拟人、烘托、铺垫、渲染等，科普作品也不能写得平铺直叙、“白开水”一般，读来味同嚼蜡、毫无趣味可言。最后，也是最重要的：千万不要试图炫耀作者自己的聪明博学，令人“望而生畏”；而是让小读者们读完，深感自己把这些深奥的东西都“一下子就整明白了”，自己还挺聪明的——“呵呵，今后我也能当科学家！”这才是青少年科普的初衷：弘扬科学精神、传递科学理念、激励科学探索、启发科学思维、领略科学之美。我把传授科学知识，只当作前面几个目标的“副产品”而已。更重要的是，让孩子们保持住童真、童趣和好奇心、鼓励他们“胡思乱想”，不要让书本知识禁锢了他们的想象力。

最后，试图用中文讲好中国故事。时下市场上充斥着自国外引进的大量青少年科普书籍，尽管其中不乏优秀作品，但也有不少并非出自科学家之手，原著即不尽人意，加之译文质量参差不齐，阅读体验并不都是很好。中国地理地质资源丰富多彩，地球科学研究相当深入，在一些领域（比如我所从事的古生物学研究）甚至已处于国际领先地位。因此，用我们的母语，给孩子们讲好自己国土上的地质故事，显得尤为重要。

《地球史诗》是我应青岛出版社邀请而撰写的“写给孩子的自然科学”丛书的第一本（第二本《生命礼赞：追寻演化的奥秘》与第三本《恐龙绝响：走进史前时代》也刚刚上市）。该书出版一年来，受到了广大读者的喜爱，获得了评论界以及学校老师和家长们的好评，并荣获了包括“2021 年度中国好书”在内的众多奖项。一如任何事情的成功都不是偶然的或凭空而来的，这本书成功的后面，也凝聚着很多人的辛勤劳动，包括出版社领导的重视和支持、责编的通盘规划和组织协调、编辑团队的同心合力与精益求精、营销部门的指导和适时推进，以及国内同行们的无私帮助等。

2023年
1月30日

写于五半斋

我们为什么要礼赞生命？

《生命礼赞：追寻演化的奥秘》是我应青岛出版社邀请，为孩子们写的一套自然科学读物中的第二册；书名自然是受到茅盾先生《白杨礼赞》的启发。一如茅盾先生在文中陈述了他为什么要礼赞白杨树，我也想借此文与读者分享我们为什么要礼赞生命。

赞美生命的角度和方式可以很多，其中既有汉乐府《长歌行》中的“阳春布德泽，万物生光辉”，也有苏轼《赤壁赋》里的“寄蜉蝣于天地，渺沧海之一粟。”前者歌颂春日里生命之蓬勃、喻人生中青春之美好；后者虽貌似感叹人生之短暂，但何尝不是从反面赞美生命之珍贵呢？我在《生命礼赞：追寻演化的奥秘》的“后记”里写道：“地球上的生命委实是太奇妙了——弄清它的起源与演化的奥秘，不啻是对生命最崇高的礼赞。”因此，我们礼赞生命不仅是因为我们自身是生命的一员，而且试图通过追寻生命起源与演化的奥秘，来赞美生命的来之不易以及好几代科学家在揭秘生命过程中所走过的艰辛探索之路。

我们居住的地球，之所以不同于浩瀚宇宙中无数其他大小不一的星球，全在于地球上存在着缤纷奇妙的生物多样性。作为地球历史上亿万个曾经生存过和正在生存着的物种之一，我们智人千百年来也一直在好奇自己的身世和前途：“我们是谁？我们从哪里来？我们往何处去？”伴之而来的是不同文化、众多信仰中的各种“创世”解说，它们的共同点是：地球上多姿多彩的生命绝不会“无中生有”，而是由至高无上、聪明绝伦的造物主（上帝或各路神仙）一手创造出来的。

1859年，英国博物学家达尔文发表了《物种起源》，上述问题才有了科学的答案：自然界的一切并非是上帝一手创造出来的，也并非一直是今天这个样子；地球上所有的生物都是从最初原始的共同祖先类型经过约40亿年的漫长演化而来，连我们自身也是生物演化的产物。

达尔文的《物种起源》被誉为“19世纪自然科学的三大发现之一”，是一部“改变了世界历史进程的书”。达尔文在书中提出的生物演化论（尤其是自然选择学说）之所以被称为革命性的理论，在于它揭开了地球上生命起源与演化的奥秘，并令人信服地解释了地球上生物多样性的来源，也即人类与所有其他生物是怎么来的以及它们之间的相互关系；从而启迪了我们的思维，并彻底改变了人们既往的认知。

这就好比从《物种起源》（1859年）问世开始，达尔文突然为世界打开了一道窥见“生命之光”的大门；160多年来，通过这道门，走出来了一代又一代的生命科学家，其中每代人都做出了一些重要的发现，并在一定程度上不断地改变了人类的生活和命运。随着生命科学家们对生命的奥秘了解得越来越多，他们对人类的贡献也会越来越大，而这方面的潜力和可能性，将是永无止境的。

遗憾的是，当年达尔文并未能提出合理的遗传机制去诠释他的理论；比如，性状是如何从一代传递到下一代的？即为什么有些人长得很像自己的父母，有的人又不像？也就是说，达尔文没有能够解释生物个体如何发生变异、又是怎样把这些变异传递下去的。20世纪初，一些植物学家们先后“重新发现”了孟德尔遗传学研究的成果，帮助达尔文解决了生物遗传的机制问题。

到了20世纪40年代，一批演化生物学家把新兴的孟德尔遗传学与达尔文自然选择理论结合起来，形成了“现代综合系统学”，又称“新达尔文主义”。在上述这些遗传学家们工作的基础上，弗朗西斯·克里克与他的同事詹姆斯·沃森以及研究人员罗莎琳德·富兰克林和莫里斯·威尔金斯，于1953年发现了生命建构模块之一——DNA的结构。DNA，又称脱氧核糖核酸，是组成我们细胞中基因的化合物，它含有生物生长、繁殖与运作所需要的全部指令。在细胞中，DNA主导着蛋白质的构建，而蛋白质则在生物体内执行各种不同功能；比如，在人体中，它们往大脑传送信息，负责肌肉、骨骼与牙齿的生长，并使心脏跳动、血液循环、肌肉伸缩以及消化食物等。因此，不仅生物个体的日常运转，离不开DNA指令，而且当生物繁殖时，它们也是通过这一方式把自己的DNA传给后代的——正是通过DNA的遗传，生物的性状特征才能一代接一代地传递下去。有意思的是，也正是由于这一传递过程中的出错，才带来了生物演化的结果：地球上的生物多样性。这些研究成果无疑是对达尔文学说的重要补充。

英国著名演化生物学家道金斯在《自私的基因》中进一步提出：

生物个体只不过是携带基因的“运载器”而已，生物个体总有一天会消亡，而它们的基因则代代相传。克里克和沃森等人的发现，终于解开了DNA如何运作之谜，也就是成功地破译了生命的密码，使我们认识到组成基因的DNA的变化在历经时间后如何导致新物种的形成。

由于克里克、沃森、富兰克林和威尔金斯的发现，科学家们现在能够比较生物之间的DNA、计算出它们相互之间亲缘关系的远近。DNA越相似，亲缘关系也就越密切。我们现在知道，人类与黑猩猩之间共享98.8%的DNA。更为神奇的是，科学家们发现：基因库简直就像一大摞扑克牌，基因组就像是打牌时手里摸到的一副副牌。每一副牌相当于一个世代，由于每洗一次牌之后，再摸到的牌都会不同，也就是说各种牌出现的频率经常改变，就出现了变异——这就是演化啊！在表型（即生物的形态特征）上反映出来就是有的人个子高一点儿、头发卷一点儿、眼珠子蓝一点儿……自然选择就像雕塑家手中的工具，在生物的身上尽情地雕琢着，最后呈现出来生命世界的千姿百态。

如果说人的基因组像地球的话，那么，一个染色体就像一个国家，而一个基因就像一幢大楼。2022年初，由多国生命科学家们参与的国际科学团队，首次完成了人类基因组的无间隙测序，并公布了人类基因组的完整序列。国际人类基因组测序计划曾被誉为生命科学领域的“登月计划”，这一完整序列的完成与发布，相当于生命科学领域里的登月成功，标志着达尔文生命探索的又一巨大进步。

人类基因组计划的目的是解读人体的密码。由于人类所有的疾病，在某种意义上说，均是基因疾病——是DNA指令出错而影响了人体的正常运转所致；因而，基因诊断与治疗（干预）将成为21世纪最具竞争力的医学与药学行业之一。基因工程则大规模地提高了农作物产量，基本解决了全人类的温饱问题；对于地球上日益增长的人口来说，达尔文所开拓的生命探索，给人类带来的福祉简直是不可估量的。因此，早在20世纪末，科学家们就曾预言，一如19世纪是地球科学世纪、20世纪是物理学世纪，21世纪将是医学生物学世纪。

过去三年来全球范围内的新冠疫情，更充分显示了演化生物学在医学应用上的活力，科学家们现在能在最短时间内，通过对病毒株的DNA测序，及时发现病毒的性质以及变异毒株的出现，研发出疫苗以及抗病毒药物；而大规模人群的快速核酸检测，在100年甚至于50年前，简直是难以想象的。所有这一切都是100多年前达尔文所开拓的生命探索所带来的丰硕成果。更重要的是，人们逐渐认识到：病毒在生命的起源与演化中一直扮演着重要的角色，人类必须学会与病毒共存。

此外，在我们当今面临全球气候持续变暖、地球生态环境日益恶化的严峻形势下，如何保护地球上的生物多样性与生态环境，如何保持人类社会的可持续发展，也将是未来生命探索的重要领域。这些领域包括：生物分类学、生物形态学、微生物学、生物化学、生态学、生物地理学、生物信息学、环境科学等，而这些领域的研究最初大多也都是达尔文亲手开创的。因此，达尔文的生命探索仍然在路上！

我的写作初衷是想通过这本书（以及这套书），帮助读者对达尔文的生物演化论的内容以及演化生物学的发展历史与现状，达到相当程度的了解，并试图以此激发青少年读者对生命自身的热爱与好奇，点燃起他们对生命科学的兴趣，并期待他们中有些人将来能够沿着达尔文开拓的生命探索之旅，继续勇往直前地走下去，成为新时代的达尔文式生命科学家。

2013年
10月

原载于《物种起源》附录，译林出版社，2013年。

译名刍议

在全世界语言“大一统”之前，不同语种之间的互译，是难以回避的一种增进相互了解的途径。尤其是自20世纪中叶以来，英语已经在国际范围内取得了强势地位，中国科研人员，时常要为如何把英文科技词汇翻译成确切的中文而冥思苦想，可谓“为求一字稳，拈断三根须。”

在近代中国与生物演化有关的英译汉图书中，开先河者当推严复所译英人赫胥黎的《天演论》(亦即《进化论与伦理学》)。按照今天的标准，严复所译的《天演论》，跟林琴南翻译的英文小说差不多，充其量只能说是编译，很难与原著逐字逐句地予以对照。但颇具讽刺意味的是，正是在《天演论》的“译例言”中，严复开宗明义地提出了100多年来中国译者所极力追求的境界：“译事三难：信、达、雅。”严复并给出了“信、达、雅”三字箴言的出处：“《易》曰：‘修辞立诚。’子曰：‘辞达而已。’又曰：‘言之无文，行之不远。’三曰乃文章正轨，亦即为译事楷模。故信达而外，求其尔雅，此不仅期以行远已耳，实则精理微言。”按照严复的标准，检视他本人的译文，达固达也，雅则尔雅，惟独与“信”之间，差之岂止毫厘。

严复不仅深知这“三曰”之难，而且还洞察难在何处：“求其信已大难矣，顾信矣不达，虽译犹不译也，则达尚焉。海通已来，象寄之才，随地多有，而任取一书，责其能与于斯二者则已寡矣。其故在浅尝，一也；偏至，二也；辨之者少，三也。”

严复上述文字写于戊戌变法发生前的一个来月，距今已近115年。其间，仅就生物学领域而言，从英文原著翻译过来的图书和文章，就难以胜计，“象寄之才”似是多如牛毛。然而，严几道先生所感慨的译文之劣相以及个中之缘由，依然历久而弥真。

“浅尝”者，不求甚解之谓也。鲁迅先生所嘲讽的“牛奶路”的翻译，固然是望文生义的极端例子，而把蒋介石的英译名返回来译作“常凯申”，委实是该打屁股的。不少人以为能读“懂”原著就可以成为“象寄之才”，则更是一种误解。词不达意，也属浅尝辄止、未予深究之故，比如把population译作种群（实为种内居群）。另外，翻译“红皇后假说”时，对红皇后假说的用典，是否探究清楚，亦未可知。若是的话，那是非常令人佩服的。

“偏至”者，以象寄之心度著者之腹所致也。比如，近年来对evolution译作“进化”还是“演化”的争论，若是按达尔文的原义，译作进化是完全没有问题的（No doubt, Darwin believed in progressive evolution）。当然，依照现在的认识，译作演化似更合适一些。究竟取何种译法，则视译者的偏好而定了。类似的还有“绝灭”与“灭绝”（extinction）之争。

“辨之者少”，此乃语言、文化、历史、风俗诸项之“隔”所致也。因“隔”而不“辨”，这是象寄之大无奈也。像乔伊斯（James Joyce）的一些书，连母语为英语的人且视为畏途，遑论我们这些少壮之年才牙牙学舌者，怎能不将其视为天书呢？看来“辨之者少”，也不只限于译者范畴。比如，达尔文在《物种起源》一书中并没有使用 evolution 一词，而是用 descent with modification，后来人们逐渐把二者看成是可以互换的。窃以为，达尔文之所以青睐 descent with modification（兼变传衍），应该自有他的道理。演化仅意味着历时而变，而兼变传衍则有共同祖先的含义（Evolution means change through time, whereas descent with modification indicates common ancestry.）。

语言文字虽然也是与时俱进的，但其惯性一般说来还是很大的。因此，我们在翻译一个新词时，无论多么谨慎，也不为过；“恒虑一字苟下，重诬后世”。另一方面，约定俗成的东西，要想更改，也不是一件很容易的事。例如，像“七月流火”这类现今被广泛误用的典故，似也无伤大雅。诚如莎翁所言：“名字有啥关系？玫瑰不叫玫瑰，依然芳香如是。”（What’s in a name? That which we call a rose by any other name would smell as sweet.）

本文以“‘小儿科’的天演论”为题，**原载于**《中国科学报》。

一本书背后的故事

——《天演论（少儿彩绘版）》写作缘起

小时候跟先父去戏园子里听京戏，心里常常好奇后台发生的一切。这种“偷窥欲”令我后来对每一本书的创作背景，同样充满好奇。再后来，自己竟莫名其妙地当起了作者，切身经验证实：过去这种貌似“无厘头”的好奇，绝非毫无根据，至少自己写的每一本书背后，都有值得写下来的故事。

要说《天演论（少儿彩绘版）》（接力出版社，2016）的写作缘起，不得不追根溯源。早在 20 世纪 70 年代末期，周明镇院士就开始撺掇我重译《物种起源》，但直到 2010 年，我才开始动手翻译该书，耗时两年完成译稿。2012 年暑假回国访问期间，先在中国科学院几个研究所做了《达尔文与“物种起源”》的讲座。后蒙中国古动物馆馆长王原先生的推荐，应邀在国家动物博物馆做了一场相同内容的公众讲座。由于主持人张劲硕博士是一位“网红”科普达人兼“孩子王”，那场演讲吸引来了很多他的小朋友粉丝。在最后的提问环节，有一位小朋友请我给他们写一本通俗易懂的《物种起源》解读本，这便是2014年1月接力出版社出版的《物种起源（少儿彩绘版）》。

没想到《物种起源（少儿彩绘版）》获得了意想不到的成功，接力出版社约请我继续写作其他经典读物的少儿版。可接下来写什么呢？出版方极想让我写《自私的基因》，然而，该书的中文版权已售出，其改写权也就不易拿到。后来出版社同意我写《天演论（少儿彩绘版）》，我最初的考虑至少包括以下三个方面。

首先，在《物种起源（少儿彩绘版）》之后，紧接着写《天演论（少儿彩绘版）》，其实是一件很自然的事；因为《天演论》英文原著的书名就叫《进化论与伦理学》，作者是达尔文进化论的热情宣传者与捍卫者赫胥黎（曾自称是达尔文的“斗犬”）。有意思的是，进化论在19世纪末最初传入中国，是通过严复翻译的《天演论》，而不是《物种起源》本身。严复在《天演论》中反复强调了“物竞天择，适者生存”的观点，激励国人自强进取、寻求民族复兴。无论从哪方面来说，《天演论》都算是对中国近代历史影响最大的一本书，深受孙中山、毛泽东、鲁迅等重要人物的推崇与喜爱。

其次，周明镇先生曾经告诉过我，严复《天演论》译本，塞进了许多译者的观点，是夹叙夹“译”，而且本质上是与赫胥黎原著精神背道而驰的：赫胥黎在原著中深刻地批判了社会达尔文主义，而严复则在《天演论》译本中大肆宣扬斯宾塞的社会达尔文主义。因此，100多年来，一定程度上误导了一代又一代的中国人。在“文革”中、后期的1970年，他与中国科学院的几位专家，曾应毛泽东的指示重译了赫胥黎原著，并使用了原著的书名《进化论与伦理学》，底下用括弧加注：（旧译《天演论》）（科学出版社，1971）。这在当时曾产生了相当大的影响。但由于历史原因，几位译者都当了“无名英雄”——新译本署名为“《进化论与伦理学》翻译组”，压根儿没提几位译者的真实姓名（这在当时并不罕见）。考虑到时至今日社会达尔文主义依旧大行其道，我想借写作《天演论（少儿彩绘版）》，正本清源，试图在青少年一代中，纠正一个历史的误会。因为我深信这本《天演论（少儿彩绘版）》比较适合亲子阅读，家长也可从中获益。

最后，也许是更重要的考虑，我想借写作这本书，介绍1970年代英美国家的生物学界围绕威尔逊《社会生物学：新综合理论》一书曾展开的学术大辩论，包括群体选择、个体选择之争以及亲缘选择、互惠利他行为与普遍利他行为等概念。事实上，那场辩论的实质，也是批判社会达尔文主义的新思潮。这些恰好也涉及《自私的基因》一书的主要内容，我也顺便在书中简要予以介绍，因而绕过了可能牵涉到版权的棘手问题。

严格说来，这本书是介于编译与原创之间的半原创作品。在写作过程中，我主要根据赫胥黎的英文原著、参照严复的文言文译本以及前面提到的周先生等人的白话文新译本，尽量使用青少年及外行易于理解的语言风格，原汁原味地把原著内容呈现给读者，同时指出了严复的私见。书中介绍了赫胥黎对达尔文生物演化论的通俗解读、他对演化论与人类社会关系的见解，以及他对古今中外宗教及伦理起源的思考。赫胥黎原著的核心内容包括：生物生存斗争与人类生存竞争的差别、动物群体与人类群体的异同、天然人格与人为人格的区别、生存斗争与伦理准则之间的矛盾等，强调不能把生物演化规律简单地套用到人类社会研究之中。在详细对比和分析赫胥黎原著与严译《天演论》之后，我在书末指出：“《天演论》与《进化论与伦理学》这两本书虽然内容与观点大不相同，但却有很多共同点：它们都曾有过重要的历史意义、也都曾产生了深远的影响，而且都依然具有重大的现实意义。”

再次出乎出版社与我意料之外的是，跟《物种起源（少儿彩绘版）》一样，该书迅速受到学者专家、读者、书评人士以及新闻媒体的广泛注意与好评，并先后入选中国出版协会“2016 年度中国 30 本好书”“2017 年度桂冠童书”“《中国新闻出版广电报》2016 年度好书”等榜单。

长期以来，人们往往对所谓“童书”（包括科普类青少年读物），有一种误解甚至偏见，认为那是“小儿科”东西，因而不屑一顾。其实，至少在发达国家的童书领域，上述情况并不多见，甚至于是例外。发达国家科普类青少年读物的作者，通常是各个领域的专家学者或具有科学背景的科普作家。我从写作《物种起源（少儿彩绘版）》伊始，就给自己树立了下述目标：争取做到“大人读了不觉浅、少儿读了不觉深；内行读了不觉浅、外行读了不觉深”。我欣喜地看到在戎嘉余院士主编的《生物演化与环境》（中国科学技术大学出版社，2018）这本大学生与研究生教科书中，拙著《物种起源（少儿彩绘版）》与《天演论（少儿彩绘版）》均被列为“拓展读物”。周忠和院士在为我的新著《自然史（少儿彩绘版）》（接力出版社，2019）所写的序言中指出：“少儿版，顾名思义，是面向少儿的读物，然而好的作品就像迪士尼经典的动画故事，常常是老少咸宜。我相信，《自然史（少儿彩绘版）》也会像它的姊妹篇《物种起源（少儿彩绘版）》一样，不仅受到小朋友们的喜爱，也会让关心小朋友成长的大朋友们从中获益。”同样，出于“内举不避亲”的考虑，我也郑重向大家推荐《天演论（少儿彩绘版）》——一本写给青少年的科普书，也是写给中老年读者的书，还是写给外行与内行共读的书。

原载于《中国科学报》。

学术之界
青椒必读书

"身为一名科学家，我确实只是一只小小的蚂蚁——力微任重，籍籍无名，但是我比我的外表更加强大，我还是一个庞然大物的一部分。我正和这巨物里的其他人一起，修建着让子子孙孙为之敬畏的工程，而在修建它的日日夜夜，我们都要求助于先人前辈留下的拙朴说明。我是科学共同体的一部分，是其中微小鲜活的一部分。我在数不清的夜里独坐到天明，燃烧我思想的蜡烛，强忍心痛，洞见未知的幽冥。如同经年追寻后终悉秘辛的人一样，我渴望把它说于你听。"

这就是《实验室女孩》作者、生物地质学家霍普·洁伦想要传递给读者（尤其是她的青年科学家同行）的写作初衷。我有幸应邀为该书作序，并借这一专栏，将该书郑重推荐给国内学术界所有青年科学家们——这是作者写给你们的书！

在《实验室女孩》一书中，作者披露了她的择业动机：

"植物会向光生长，人也一样。我选择科学是因为它供我以需，给了我一个家，说白了，就是一个心安的地方。"

众所周知，在科学发展初期，科学研究是有闲阶级的闲情逸致，像达尔文那样的富家子弟，并不以科学为谋生的职业。而自 20 世纪以来，科学已经成为一项事业（enterprise），科研工作也成为一种职业。正如洁伦在书中所写到的：

"科学研究是一份工作，既没那么好，也没那么差。所以，我们会坚持做下去，迎来一次次日月交替、斗转星移。我能感受到灿烂阳光给予绿色大地的热度，但在内心中，我知道自己不是一棵植物。我更像一只蚂蚁，在天性的驱使下寻找凋落的松针，扛起来穿过整片森林，一趟趟地搬运，一根根地送到巨大的松针堆上。这松针堆是如此之大，以至于我只能想象它的冰山一角。"

既然科学研究机构也是职场，那么青年人在职场上奋斗所面临的挑战，也总是大同小异的。作为一名古植物学家，作者在书中巧妙地运用植物生长的隐喻来记述她自身成长的故事，描述了自己在学术生涯中，一如自然界中的植物，无时无刻不在为生存而斗争：

"植物的敌人多得数不清。一片绿叶几乎会被地球上所有的生物当作食物。吃掉种子和幼苗就相当于吃掉了整棵树。植物逃不开一波接一波的攻击者，躲不开它们永不停歇的威胁。"

不难想象，对于一个初出茅庐的女性青年科学家，洁伦在美国学术界的打拼，也是历经艰辛的。所幸她在读博时就遇上了一位蓝颜知己——比尔，此人虽然有点儿古怪，却“为朋友两肋插刀”，终生支持和帮助洁伦。可以说，没有比尔的帮助，她的学术生涯会格外艰辛。书中详细记述了作者如何在比尔的帮助下建立了自己的第一个实验室，在科研经费十分拮据的情况下，如何做野外工作，并自驾一周去参加学术会议的有趣经历。虽然对个中艰辛轻描淡写，然而她们百折不挠精神却跃然纸上：

“我非常清楚，如果一件事不经历失败就能成功，那么老早就有人做了，我们也没必要费这力气。然而，到目前为止，我都找不到一份学术杂志，能让我说说科学研究背后的努力和艰辛。”

这本文学自传显然给她提供了宣泄这种情感的渠道。我相信，很多读者一定能从中产生共鸣。

所幸人到中年，作者经过不懈的努力，在事业上取得了相当大的成功。回首走过的路，她在书中写道：

“时光也改变了我，改变了我对我的树的看法……科学告诉我，世间万物都比我们最初设想的复杂，从发现中获得快乐的能力构成了美丽生活的配方。这也让我确信，如果想让曾经有过却不复存在的一切不至于遗忘，那么把它们仔细记录下来就是唯一有效的抵御手段。”

总之，该书是关于作者的工作与爱的故事，也正是两者结合在了一起，才使她克服了重重障碍，在科研领域坚持了下来并且取得了骄人的成就。我一直有个私见：若想真正了解科学发现是如何产生的，光读学术论文是远远不够的，一定要读科学家的自传和传记。

过去有许多达尔文、牛顿、爱因斯坦、费曼、霍尔丹等伟大科学家兼具非常有趣人物的传记，《实验室女孩》无疑是又一本精彩的科学家自传。不特此也，这本书更加贴近目前中青年科学家们的现实际遇，因此读来更为亲切。如今的科学家们，不再只向公众传播他们的科学发现和学术成果，而且开始向公众诉说自己在学术“象牙塔”里的真实生活。他们跟常人一样“食人间烟火”，有自己的喜怒哀乐。公众和亲友的支持，帮助他们在孤独奋斗中得到鼓舞和力量。

《实验室女孩》生动地记述了通向科学家成功之路的诸多艰辛和重重险阻，同时也展示了科学研究的无限乐趣和魅力所在——最后，所有的磨砺和付出都是值得的！在书的尾声，作者写下了这段撞击心灵的大实话：

“我擅长做科学，这是因为我不擅长听讲。有人说我聪明，也有人说我笨。有人说我想做的太多，也有人说我做成的太少。有人说我是个女人，所以我做不成想做的事。有人说我可以拥有永恒的生命，也有人说我会早早地过劳死。有人因为我太女性化而规劝我，也有人因为我太男性化而不信任我。有人说我太过感性，也有人指责我冷酷无情。然而，对于现在和未来到底怎样，所有说这些话的人都未必有我看得清楚。这些老生常谈让我接受了身为女科学家的事实，没人知道我到底是什么，而这份认知空白，也让我一路上随心所欲地塑造女科学家的形象。我不盲从同事的建议，也不好为人师。当我不顺利时，我会对自己说这句话：别把工作太当真，但在必须当真时就得好好做。”

最后，我想指出，本书译者蒋青是中国科学院南京地质古生物研究所的青年科研人员，她花很多时间和心力倾情翻译了这本书，可见她是多么地喜欢它！我相信，每一位青年科学家都会在阅读本书后，得到许多收获和愉悦。

2019 年
3 月 29 日

原载于《中国科学报》。

「兴酣落笔摇五岳」

——评哈金《谪仙：李白传》[1]

(*The Banished Immortal: A life of Li Bai* by Ha Jin, 2019)

一个偶然的机缘，使我有机会较早地“认识”了哈金。我是1987—1988 年间在芝加哥大学做博士后的，在那里有个要好的美国朋友苏姗，她是芝加哥大学出版社的编辑。1990 年我收到苏姗寄来的圣诞节礼物，打开一看，是一本她们出版社刚出的很薄的诗集 *Between Silences*（《沉默之间》），作者是 Ha Jin——一个陌生的名字。我饶有兴趣地看了作者介绍，原来是 1985 年才来美国留学的中国留学生！这一下子便激起了我的好奇心。

[1] 中译本《通天之路：李白传》，2020 年由北京十月文艺出版社翻译出版。

因为我知道：一是，刚来美国才五年的中国留学生，就能在美国出版英文诗集，该有多难？二是，由芝加哥大学出版社这个以出版学术著作闻名的出版社出版，更是难上加难！因为苏姗曾向我介绍过她所供职的出版社，尽管它有100多年的历史，直到1976年才出版了第一本小说——*A River Runs Through It*（中译本《一江流过水悠悠》由陆谷孙先生所译，而其同名电影则被译作《大河恋》）。该书作者是芝加哥大学的文学教授诺曼·麦克林（Norman Maclean），书出版之后，大获好评，以文笔唯美著称。次年（1977）曾被普利策评奖委员会评选为"虚构类"文学奖，谁知最后被普利策奖指导委员会否决——这是极少发生的事。据说理由是，该书是作者的自传体小说，不算严格意义上的"虚构类"文学作品。总之，芝加哥大学出版社出版文学类作品的标杆是极高的，哈金的第一本诗集能在那里出版，当时对我的震撼相当大。

《沉默之间》只有70多页，我一口气便读完了，可一点儿都没觉得有多好。带着满腹的疑惑，我给苏姗打了个电话，一是感谢她的圣诞礼物，二来想听听她的评价。谁知我刚提了个头，她在电话那头就兴奋地说："非常不可思议，是不是？"我这边只好打哈哈地应着。她接着说："你应该看看媒体的评论，简直是好评如潮。有位专家甚至说它跟庞德的《神州集》（*Cathy*，又译作《华夏集》）一样奇妙……"我顿时语塞。

不过，自那之后，我一直关注着哈金的每一部新作，也为这些年来他所取得的成就感到由衷的高兴。记得《等待》（*Waiting*）那本小说出版后，我曾买了许多本带回国送给朋友们。记得我对《等待》评价很高，不是因为它获了那么多奖，而是从心底里佩服哈金讲故事的能力。一个发生在我所经历过的年代、再平凡不过的夫妻两地分居的故事，被他不怎么样的英文写得那么好，确实很了不起。况且本人在出国前以及出国初期，也有过夫妻两地分居的切身体验，因此，格外欣赏哈金对书中人物心理活动描写得那么真实与细腻。

哈金的《谪仙：李白传》早在今年初出版之前，就被炒得沸沸扬扬。对此，我有一种比较矛盾的心情。一方面，我十分期待它的问世，因为我是古诗词爱好者，对李白的生平与诗作均相当熟悉。另一方面，正因为如此，我也替哈金暗中捏着一把汗。由于李白太有名了，几乎被前人写滥了；如何能写出新意，确实是个挑战。换言之，我希望他写好，但又担心他会写砸。故此，我一直保持着谨慎的乐观甚至于不乐观，当然心底还是十分佩服他的勇气的。

哈金的《谪仙：李白传》描述了出生于西域的李白，如何在商人父亲的资助下云游四方，先入川、后进楚，企图以自己的诗才，赢得仕途上的攀升。可他的道家仙骨风范，在儒学为盛的官场中，十分不受待见。因此，"蜀道之难，难于上青天"，并非是单纯地写景，也是他对仕途坎坷的哀叹。后来，由于在"安史之乱"中"站错了队"，李白还险些把性命丢了……尽管林语堂在《苏东坡传》中开宗明义地写道，"要了解一个死去已经一千年的人，并不困难。试想，通常要了解与我们同住在一个城市的居民，或是了解一位市长的生活，实在嫌所知不足，要了解一个古人，不是有时反倒容易吗？"问题是，对今人，比较容易挖掘出新材料来，而对李白、苏东坡这类古代名人，若想写出点新东西来，就远不是那么容易的了。正因为如此，哈金写这本"非虚构"的《谪仙：李白传》，就不像他写小说那样得心应手、娓娓道来，而是受到史料的掣肘，显得放不开，有时甚至于有些呆板无趣。

值得指出的是，哈金在《谪仙：李白传》不可避免地引用了许多李白的诗，大多是我们耳熟能详的，而这些诗歌的英译版本众多，不少属于名家译作。哈金并没有偷懒，去引用前译，而是自己重新翻译。这从很大程度上也反映出他对自己译笔的自信。在书中，中文原诗是用繁体字排印的，哈金的英译紧接在下面。阅读时通过与其他版本对比，我发现哈金的译文有独特的简洁美，他对诗意不做过度解读，而是直白地译出来，有不少可圈可点的地方。我想，这与哈金本身就是诗人不无关系。他的译文，有一种音韵与抒情美。

毫无疑问，哈金的《谪仙：李白传》会受到西方读者的青睐。他对李白诗的翻译，使不熟悉中国唐代诗歌的西方读者们领略了李白诗歌的优美与魅力。哈金特别强调了道家思想对李白诗的影响。哈金对李白生平的描述，对西方读者来说通俗易懂，也帮助他们了解到为什么诗人与唐代官场是那么地格格不入。此外，在介绍李白生平的过程中，哈金同时引用了李白当时写的一些诗，这对西方读者理解李白的诗，也大有裨益。哈金还特别指出了李白的诗歌，如同其他中国文学作品一样，极爱用夸张手法，比如“万箭穿心”“沉鱼落雁”等，而英文用词相对则比较收敛与精准。

阅读哈金的《谪仙：李白传》，很难不让人联想起林语堂的名作《苏东坡传》。尽管我以前不止一次读过林语堂《苏东坡传》的英文原著 *The Gay Genius*，为了写这篇书评，我又找出来重读一遍。平心而论，两本书各有千秋。比如，哈金对传主缺乏林语堂那种按捺不住的激情，但也没有后者溢于言表的偏好（甚至于偏见）；林语堂过分地扬苏抑王（安石），我就不敢苟同。当然，从文笔的老辣上看，“生姜还是老的辣”；哈金缺乏林老英文遣词造句的随手拈来、举重若轻，尽管这些年来，他的英语写作大有长进，Chinglish expression 越来越少了。这一点令我非常惊讶！哈金无疑是林语堂之后，在美国影响最大的华语作家，他也像林老一样多产，因此，我借用李白诗句作为本文标题来称赞他，恐怕也不算过誉。

总之，哈金的《谪仙：李白传》，十分值得我向大家郑重推荐。尽管目前中译本可能还未面世，我强烈推荐大家阅读英文原著，因为哈金的英文文字很容易读，不像林老笔下那么爱“炫技”，300页的书应该可以很快读完。

代后记

文艺范科学家，这个时代还有吗？

有这样一本书：它不是戏剧，却如古典戏剧一般采用分幕的结构，并擅长埋置悬念和抖落包袱；它不是小说，却如小说一般充满故事和角色，叙述生动而清晰；它不是文艺随笔，却随处可见对莎士比亚经典台词、欧美以及中国诗歌、历史掌故等等恰如其分的引用——它其实是一本讲述地球生命进化恢弘壮丽史诗的科普书，写得既硬核又通俗、既文艺又理性、既有趣又明晰，虽然名字会稍显“幼稚”:《给孩子的生命简史》，然而，在未知的科学知识面前，我们每一个人又何尝不是孩子?

这是一本优秀的科学家撰写的优秀的科普书，在不久前举办的首届“中国自然好书奖”评选中，以“年度童书奖”荣居十大好书之列。

它的作者是美籍古生物学家、现供职于美国堪萨斯大学自然历史博物馆及生物多样性研究所的苗德岁教授，从1996年至今，他一直担任中国科学院古脊椎动物与古人类研究所客座研究员。

相对于诸多面向未来的高科技行业，面向历史的古生物学界显得冷门，因此大众不太容易了解其中的科学家有多优秀。然而，今年获得联合国教科文组织颁发的“世界杰出女科学家奖”的张弥曼先生便是古生物学家，与她情同姐弟的苗德岁也不弱，早在30年前就成为首位获得“北美古脊椎动物学会罗美尔奖”的亚洲人。

《给孩子的生命简史》不是苗德岁出版的第一部科普作品，早在2014年他因为准确完整重译生物学经典著作《物种起源》而大获好评之后，便应接力出版社之邀撰写了科普书《物种起源（少儿彩绘版）》，该书的生动、清晰、流畅令人大感惊艳，因此频现当年年底各大好书榜的评选榜单。之后，苗德岁又乘胜写了《天演论（少儿彩绘版）》，首次完整正确地将这一经典，以科普书的形式介绍给中国读者。

尽管这些年科普开始大行其道，然而，一个科学家，在生动通俗的科普之外，却展示了非常好的文学素养和艺术修为，让我们仿佛看到了如今人们开始淡忘的竺可桢、李四光、华罗庚等那批文理兼修的科学家做科普的时代。

赫胥黎曾说：“科学与文艺并非两件不同的东西，而是一件东西的两面。”在我们多年惯看了文理分家各不相容之后，苗德岁让我们看到了这两者重新成为一体。

一个科学家如何文理兼修？天时、地利、人和缺一不可。

一个科学家，如何既文理兼修，又擅于生动清晰地把看似深奥的科学知识普及给大众？要成为这样的人，总笑称自己为“老文青”的苗德岁的经历既不可复制、又带着典型时代雕刻的印记。

苗德岁20世纪50年代出生于安徽一个小县城，上天给了他两个优于常人的技能，一是看书过目不忘的好记性；二是清晰辨音的好耳朵，后来成为古典音乐迷的他能轻松听出一曲巴赫钢琴曲的弹奏中哪个音弹错了。

天资聪慧加上对读书学习的渴望，让他成绩出众。热爱文学、一心想走上作家道路的他，却被命运与时代裹挟，带到了另一个方向。由于父亲早逝，希望可以早日工作养家的他，不得不放弃上省重点高中的机会，考进了南京地质学校。进入中专刚上完第一年的文化基础课，便遭遇了“文革”，在学校停课，大家都去全国各地大串联、之后又在学校搞批斗的时候，他选择做“逍遥派”，躲回家看书。

果然机会只会留给有准备的人。1970 年代初，在他到地质队工作的时候赶上招收工农兵大学生，第一年他因为不是党员失去了上北大的机会，第二年他仍然因为拔群的优秀，被推荐参加“高考”——那是 1973 年，即便是推荐工农兵子弟上大学，也开始考试按成绩录取。偏偏那一年出了著名的张铁生交白卷事件，一时间闹得似乎考分越高越不容易被录取。“幸好只是在北京，我们没有受影响。”苗德岁仍然以镇江地区第一名的成绩，被南京大学地质系录取，分配到古生物专业。

大学期间成绩优秀的苗德岁，仍然有一颗向往文学的心。然而 1970 年代末，徐迟写陈景润的报告文学《哥德巴赫猜想》横空出世，彻底将苗德岁那颗驿动的心转向了科学。在这篇著名的热血报告文学的影响下，他在 1978 年“文革”后首次研究生招考中，考上了中国科学院古脊椎动物与古人类研究所的研究生，成为古哺乳动物学家翟人杰先生的研究生，并成了被称为“中国恐龙研究之父”的周明镇先生的“小门生”。

受到新中国召唤便不顾妻儿尚在台湾毅然从美国回到故土效力的周明镇，按照今天时髦的说法，是位“男神”级的、风流潇洒的科学家，苗德岁称老师“也是一个老文青”。周先生在古生物学界的泰斗地位姑且不谈，他和金庸是好友，因为夫人柴梅尘与巴金夫人萧珊是“闺蜜”，所以与巴金一家关系亲密。

在这样一个“文艺”导师的影响下，苗德岁在文理兼修的道路上越走越深。这样的风气在古脊所颇受欢迎，获得“世界杰出女科学家奖”的张弥曼先生也有一颗文艺的心，她的学生周忠和院士曾说，自己在这样一群人中间颇感惭愧，老师张弥曼曾经因为他文笔不够好，拿了鲁迅小说给他看，以此让他加强文学修养。

以姐弟相称的张弥曼和苗德岁在上了年纪之后，还分别以苏轼的“谁道人生无再少，门前流水尚能西”和辛弃疾的“廉颇老矣，尚能饭否”为典，取“尚能西”“尚能饭”的笔名，相互以诗文应和，在网上发帖——此是后话。

1982 年，在周明镇先生的力荐下，苗德岁到美国攻读博士学位，踏上了 80 年代出国潮的浪头，这让他在文理兼修的道路上又走入一个新天地。

苗德岁在大学期间就自学了英语，研究生期间，由于导师周明镇的英文非常好，更是激励他将英文学到非常自如纯熟的地步。

在美国读博士期间，学校规定博士生在所有课程之外必须通过一项“研究工具”的考试，在那个电脑尚不普及的年代，“研究工具”便是第二外语。导师打消了苗德岁想学法语的念头，认为他不如把英文加强，于是特别申请将中文当作了他的“研究工具”，学校于是要求苗德岁的英文必须达到母语的水平。

为了获得这个证明，苗德岁同时上了英文系的课。于是，从莎士比亚到各种英美文学以及写作，苗德岁便学了个遍，最后以作文 A 分的高成绩证明了他的英文已经是母语水平。苗德岁说，张弥曼先生甚至认为，他的英文写作水平超过了中文。

苗德岁的博士论文完成之后，立刻接连获得业界多个大奖，于是他的论文在次年便以专著的形式得以出版，这是非常罕见的事。然而他却因此深受了一次“刺激”：在他的导师特意为庆祝他的专著出版举办的聚会上，导师右手拿着这本书，感叹地对大家说："这么漂亮的研究、如此优美的文字（出自一个母语非英语的人之手），但读它的人，全世界不会超过'一打'，而真正能读懂的人可能不会超过这个数——"他伸出左手的 5 个手指。

"从那时起，我就想为更多的人写书。"苗德岁说，这是他真正立志写科普的开始。然而，科研工作的紧张，直到他临近退休，这项事业才真正开启。

科学家做科普，中国有中国的传统，英美有英美的条件。然而很多人并不知道，苗德岁已经出版和完成的科普图书中，大半是在怎样的情况下写成的：2014 年年底，苗德岁因为中风，左半边身体失去行动能力，尽管由于积极的治疗，如今靠着拄拐他已能够行走，但是左手至今无法恢复。

仅靠着右手，他在键盘上敲出了《天演论（少儿彩绘版）》《给孩子的生命简史》《自然史（少儿彩绘版）》三部书稿以及多篇文章。不仅完成质量高，而且交稿迅速从不拖延。得知这一状况，不止一个人感叹："这是当代的高士其啊！"

高士其，或许在今天已经是一个远去的名字，然而提起他，重启的不仅是一个感人的科学家故事，还是一个值得珍惜的、人民科学家为大众科普的传统。

细菌学家高士其是第一个奔赴延安的留美科学家，在延安的时候，就发起成立"边区国防科学社"，一边做科研，一边向大众普及科学常识、增强民众的素养，当时他已是著名的科普作家。

后来由于在美国做科研时过于忘我被细菌感染留下了后遗症，虽经过多方积极治疗，但最终他仍全身瘫痪。不能进行科研活动的高士其从此将全部精力投入到为大众科普的事业中，写下了数百万字的科学小品、科学童话故事和多种的科普文章，引导了一批又一批青少年走上科学道路。在他逝世后，国际小行星命名委员会将

3704 号行星命名为“高士其星”。

事实上，在中国不够强大的年代，一心救亡图存、发愤图强的爱国科学家们，一直都以为大众普及科学知识增强国民素质为己任。很多科学家从小深受中国古典文化浸淫，又在国外受到严谨的学术训练，既能做领先国际水平的科研工作，同时还能写漂亮通俗的科普文章，丁文江、竺可桢、李四光、华罗庚等人都是其中熠熠生辉的名字，高士其也是其中的一分子。

在新中国成立之后，建设强大的祖国、尽早实现现代化的目标，成为优秀科学家们对大众进行优质科普的主要推动力。至今，很多人都不能忘怀他们编撰的《十万个为什么》以及各种精彩科普文章对个人成长的影响。因为科普，他们成为大众心目中最理想的科学代言人，激励了无数人向往科学从事科学的决心。

苗德岁回忆，当年在中国科学院读书的时候，时常可以看到令人尊敬的高士其在阳台上晒太阳，那时候的他从来没想过，有一天会踏上和他相似的路。

“但是，我们古生物学界，一直有写科普的传统。”他说。这个传统其实就是高士其那一代人的传统。中国古脊椎动物学的开拓者和奠基人杨钟健就是这样一边做科研一边为大众普及的科学家的一员。“杨老还有我的老师周明镇先生，他们都写过很多科普文章。”中国科学院古脊椎与古人类研究所在“文革”中还创办了著名的科普杂志《化石》，在 1975 年因为毛泽东希望看到这个科普杂志而专门印制了“大字本”而分外有名。

苗德岁的科普之路其实是从《化石》起步的，尚在读大学的他因为文笔好而接到杂志的约稿，写了他人生中第一篇科普文章《古生物钟漫谈》。后来，有同事在介绍他的时候总说：“小苗写的文章可是毛主席看过的。”

从此，在《化石》杂志和导师周明镇兼任馆长的北京自然博物馆主办的《大自然》杂志上，苗德岁都写了不少科普文章。“稿费不低，每篇有 40 块呢，当时一个月工资也就 50 块。”他说。

科普的写作因为赴美而暂时中断，在国外他看到了英美科普的发达，也更加理解了做科学不光要让业界人看懂，还要让大众理解的重要性。

“不光是对外行科普要通俗易懂，在专业会议上作报告，也要如此才行，毕竟许多同行对你所研究的太专门的东西也不甚了了。这是我在美国读博时，我的美国导师教我的‘绝活儿’，令我终生受益匪浅。”

然而，英美科普做得好的背后，苗德岁有自己的观察。

“英国科学家做科普比美国科学家兴趣思路更广，我觉得部分的原因出自英国的科学家，特别是教授、博物馆研究者薪水相对来讲没有美国高，他们通过写科普，也赚一点稿费。国外的稿酬还是很高的，这样也补足他们薪水上的不足。”

他认为这是英国科学家科普参与度高的一个重要刺激因素。

他还认为，英美能写科普的科学家之所以写作质量高，是因为这些科学家大多出自富人阶层，从小在私立学校受过非常好、非常严格的科学和人文素质教育。

国内的人往往认为英美人普遍文化素质都高，“实际上不是这样，大多数从公立学校出来的人写作能力都很差，美国那几个文章写得好的科学家全都是富家子弟，从小上私立学校的。”

他举例说自己读博士后的时候有一个同学，写论文的时候请他提意见，结果他看不下去连他的英文写作和语法错误都给改了。这位同学大吃一惊，竟然一个外国人能改他的英文写作！因此也自嘲，在美国上公立学校基本上都是混，写文章是上大学才开始学的。在美国任教的时间越长，苗德岁发现这还真是普遍现象。（美国精英教育虽好，寒门子弟却难得其门而入）

他因此也感叹出身寒门的自己在国内受的基础教育十分扎实，无论诗文背诵还是数理化的基础，扎实得令他终身受益，“多年不用，直到我女儿上大学，她的数学题我都还能给她辅导。”

在整个世界科学发展的趋势是学科越分越细的今天，不仅文理分得越来越远，连学科之间都渐行渐远。苗德岁希望，文理兼修能从小打好基础，“教育改革，要留住我们自己好的东西。”

他更希望，退休之后，能将更多精力投入为祖国青少年读者做更多的科普上。

刘净植

原载于《北京青年报》，记者刘净植

2018 年 12 月 21 日